"十二五"高职高专规划新教材

计算机应用基础
案例实训教程

JISUANJI YINGYONG JICHU
ANLI SHIXUN JIAOCHENG

主 审 卓先德
主 编 曾德明 钟 锋 王建中
副主编 杨 征 陈长忆 李 剑
　　　 梁丽静 李 志 王方云

电子科技大学出版社

图书在版编目（CIP）数据

计算机应用基础案例实训教程 /曾德明，钟锋，王建中主编. —成都：电子科技大学出版社，2011.8
 ISBN 978–7–5647–0926–6

Ⅰ. ①计… Ⅱ. ①曾… ②钟… ③王… Ⅲ. ①电子计算机—高等学校—教学参考资料 Ⅳ. ①TP3

中国版本图书馆 CIP 数据核字（2011）第 156472 号

内 容 提 要

本教程是《计算机应用基础案例教程》（陈长忆等编著，电子科技大学出版社）的实验配套教材。本教程分为 7 部分，共有 22 个实验，每个实验包括实验内容、实验目的、实验要点指导三个模块，内容涉及计算机基本操作、Windows XP 操作系统、Word 2010 的使用、Excel 2010 的使用、PowerPoint 2010 的使用、多媒体技术和计算网络应用及安全等。

本教程实验目的明确、内容具体、操作性强、覆盖面广，是学习计算机基础知识和上机实践的很好的参考书。

本教程可作为高等院校本科以及高职高专学校计算机公共基础课的综合实训、上机练习和教学辅导用书，也可以供成人教育和在职人员培训使用。

"十二五"高职高专规划新教材
计算机应用基础案例实训教程

主 审	卓先德		
主 编	曾德明	钟 峰	王建中
副主编	杨 征	陈长忆	李 剑
	梁丽静	李 志	王方云

出　　版：	电子科技大学出版社（成都市一环路东一段 159 号电子信息产业大厦　邮编：610051）
策划编辑：	蒋维强
责任编辑：	万晓桐
主　　页：	www.uestcp.com.cn
电子邮箱：	uestcp@uestcp.com.cn
发　　行：	新华书店经销
印　　刷：	成都蜀通印务有限责任公司
成品尺寸：	185mm×260mm　　印张 9　字数 219 千字
版　　次：	2011 年 8 月第一版
印　　次：	2011 年 8 月第一次印刷
书　　号：	ISBN 978–7–5647–0926–6
定　　价：	29.00 元

■ 版权所有　侵权必究 ■

◆ 本社发行部电话：028-83202463；本社邮购电话：028-83208003。
◆ 本书如有缺页、破损、装订错误，请寄回印刷厂调换。

前　言

随着信息技术的飞速发展，计算机越来越成为现代生活中必不可少的工具。大学生毕业后在工作、学习和生活中都离不开计算机及其网络环境下的文字、表格、网页、图像、声音、动画等数据的处理，因此需要掌握在某一操作系统环境下应用办公软件和计算机网络来为工作和生活服务的能力。这种技能不但紧随计算机技术的发展，而且应当实用和全面，掌握计算机知识已成为对人才的最基本的要求。

本教程根据课程内容精心设计了若干实验，读者可以按照实验中的操作要求自行练习，遇到困难还可以通过参考操作步骤予以解决，使理论知识与实践得到有效的结合，学习起来更形象直观，易于掌握。

本教程分为 7 部分，共有 22 个实验，每个实验包括实验内容、实验目的、实验要点指导，内容涉及计算机基本操作、Windows XP 操作系统、Word 2010 的使用、Excel 2010 的使用、PowerPoint 2010 的使用、多媒体技术和计算网络应用及安全等。

本教程结合教学实践的需要，把理论与实践有机结合。有别于国内许多计算机实验指导教材，不是简单地列出实验目的和内容，而是从理论结合实际动手操作的角度给出知识点的回顾，既是锻炼实际动手能力的具体指导，又是对课堂教材的补充和延伸。从实践到学习再到实践，能大大提高读者的计算机应用能力。

本教程可作为的综合实训、上机练习和教学辅导用书，也可以供成人教育和在职人员培训使用。

本教程适合作为高等院校本科以及高职高专学校计算机公共基础课的教材辅导用书，也可以供成人教育和在职人员培训使用。

本教程由卓先德、陈长忆、曾德明、钟锋、杨征、王建中、丁可、梁丽静编写，在编写过程中还得到其他老师的大力支持和帮助，在此一并致谢。

由于作者水平有限，加之时间仓促，书中难免有错误和不当之处，敬请读者批评指正，以便再版时修订完善。来信请寄：lzy.zxd@163.com。

目 录

第1章 计算机基础知识 ... 1
实验一 计算机基本操作 ... 1
【实验目的】 ... 1
【实验内容】 ... 1
【实验要点指导】 ... 1
实验二 中文输入练习 ... 6
【实验目的】 ... 6
【实验内容】 ... 6
【实验要点指导】 ... 6
实验三 计算机硬件组装 ... 8
【实验目的】 ... 8
【实验内容】 ... 8
【实验要点指导】 ... 9

第2章 Windows XP 操作系统 ... 12
实验一 Windows XP 基本操作和文件管理 ... 12
【实验目的】 ... 12
【实验内容】 ... 12
【实验要点指导】 ... 12
实验二 Windows XP 系统设置 ... 22
【实验目的】 ... 22
【实验内容】 ... 22
【实验要点指导】 ... 23

第3章 Word 文字处理软件 ... 33
实验一 Word 文档的编辑与排版 ... 33
【实验目的】 ... 33
【实验内容】 ... 33
【实验要点指导】 ... 34
实验二 表格的制作 ... 39
【实验目的】 ... 39
【实验内容】 ... 39
【实验要点指导】 ... 40

  实验三 图文混排 46
   【实验目的】 46
   【实验内容】 46
   【实验要点指导】 47
  实验四 毕业论文排版 51
   【实验目的】 51
   【实验内容】 51
   【实验要点指导】 52

第 4 章 Excel 2010 电子表格 56

  实验一 工作表的编辑 56
   【实验目的】 56
   【实验内容】 56
   【实验要点指导】 56
  实验二 公式和函数的使用 60
   【实验目的】 60
   【实验内容】 60
   【实验要点指导】 61
  实验三 制作图表 65
   【实验目的】 65
   【实验内容】 65
   【实验要点指导】 65
  实验四 数据管理与分析 68
   【实验目的】 68
   【实验内容】 68
   【实验要点指导】 68

第 5 章 PowerPoint 演示文稿制作软件 74

  实验一 制作课件《冰心诗三首》 74
   【实验目的】 74
   【实验内容】 74
   【实验要点指导】 75
  实验二 商业产品推介《PowerPoint 2010 新功能》 81
   【实验目的】 81
   【实验内容】 81
   【实验要点指导】 81
  实验三 公司用户市场分析报告之《消费与生活》 90
   【实验目的】 90
   【实验内容】 90

【实验要点指导】 91

第 6 章　多媒体技术 105

实验一　图片浏览及处理 105
　　【实验目的】 105
　　【实验内容】 105
　　【实验要点指导】 105

实验二　不同视频格式之间的转换 109
　　【实验目的】 109
　　【实验内容】 109
　　【实验要点指导】 109

第 7 章　计算机网络与安全 111

实验一　访问局域网资源 111
　　【实验目的】 111
　　【实验内容】 111
　　【实验要点指导】 111

实验二　使用浏览器访问网络 116
　　【实验目的】 116
　　【实验内容】 116
　　【实验要点指导】 116

实验三　使用及时通信工具和电子邮件 121
　　【实验目的】 121
　　【实验内容】 121
　　【实验要点指导】 121

实验四　使用反病毒工具保护系统 126
　　【实验目的】 126
　　【实验内容】 126
　　【实验要点指导】 126

附录　常用字符与 ASCII 代码对照表 132

参考文献 133

第 1 章　计算机基础知识

实验一　计算机基本操作

【实验目的】

> ➢ 掌握启动和关闭计算机的方法。
> ➢ 掌握键盘布局及各按键的功能。
> ➢ 熟悉标准指法练习。

【实验内容】

- ◆ 启动和关闭计算机。
（1）开机：先开外设，再开主机；
（2）关机：先关主机，再关外设。
- ◆ 鼠标的使用：单击、双击、拖动。
- ◆ 键盘的认识：主键盘区、功能键区、编辑键区、数字键区和提示灯区。
- ◆ 进行指法练习，打字姿势，击键要领，指法分工。
- ◆ 英文输入法练习。

【实验要点指导】

1．启动和关闭计算机

（1）启动计算机

由于外设在刚加电和断电的瞬间会有较大的电冲击，会给主机发送干扰信号导致主机无法启动或出现异常，因此，在开机时应该先给外部设备加电，然后才给主机加电。但是可能个别计算机，先开外部设备（特别是打印机）则主机无法正常工作，这种情况下应该采用相反的开机顺序。

启动计算机的操作方法：先打开外设的电源，再打开主机的电源（按 **Power** 按钮），计算机自动启动操作系统，如 Windows XP。启动后将会看到计算机桌面，桌面上的图标或背景因设置的不同而有所不同。

如果计算机在使用过程中出现"死机"现象，可使用键盘上的 **Ctrl+Alt+Del** 组合键对计算机进行热启动，或者使用主机箱面板上的 **Reset** 按钮对计算机进行复位启动。

（2）关闭计算机

关机时则与开机相反，应该先关主机，然后关闭外部设备的电源。这样可以避免主机中的部件受到大的电冲击。

关闭计算机的操作方法：首先关闭打开的应用程序，再执行"开始"→"关闭计算机"命令，在出现的窗口中单击"关机"按钮，则系统自动关闭计算机主机电源。

如果需要重新启动计算机，则可单击"重新启动"按钮。

在异常情况下，系统不能自动关闭时，可选择强行关机。其方法是：按下主机电源开关不放手，持续5秒，即可强行关闭主机。

注意：开机时，先开外设，再关主机；关机时，先关主机，再关外设；两次开关计算机电源时间最好间隔10秒以上。

2．鼠标的使用

目前，鼠标在Windows环境下是一个最常用的输入设备。常用的鼠标器有机械式和光电式两种。鼠标的操作有单击、双击、移动、拖动与键盘组合等。

（1）单击

单击就是快速按下鼠标键。单击左键是选定鼠标指针下面的任何内容，单击右键是打开鼠标指针所指内容的快捷菜单。一般情况下若无特殊说明，单击操作均指单击左键。

（2）双击

双击是快速单击两次。双击左键是首先选定鼠标指针下面的项目，然后再执行一个默认的操作。单击左键选定鼠标指针下面的内容，然后再按回车键的操作与双击左键的作用完全一样。若双击鼠标左键之后没有反应，说明两次单击的速度不够迅速。

（3）移动

不按鼠标的任何键移动鼠标，此时屏幕上鼠标指针相应移动。

（4）拖动

鼠标指针指向某一对象或某一点时，按下鼠标左键不松，同时移动鼠标至目的地时再松开鼠标左键，鼠标指针所指的对象即被移到一个新的位置。

（5）与键盘组合

有些功能仅用鼠标不能完全实现，需借助于键盘上的某些按键组合才能实现所需功能。

- ◆ 与Ctrl键组合，可选定不续的多个文件。
- ◆ 与Shift键组合，选定的是单击的两个文件所形成的矩形区域之间的所有文件。

3．键盘的使用

键盘分为主键盘区、功能键区、编辑键区、数字键区和提示灯区，具体分布如图1-1所示。

（1）主键盘区

- ◆ Tab键：制表位键。可以快速移动光标到下一个制表位。
- ◆ Caps Lock键：大写锁定键。在输入大、小写字母间切换，指示灯区的Caps Lock灯亮为大写字母输入状态。
- ◆ Shift键：上挡键。输入上挡字符或输入大写字母。如输入"％"，可在按住Shift键的同时键入"5"。

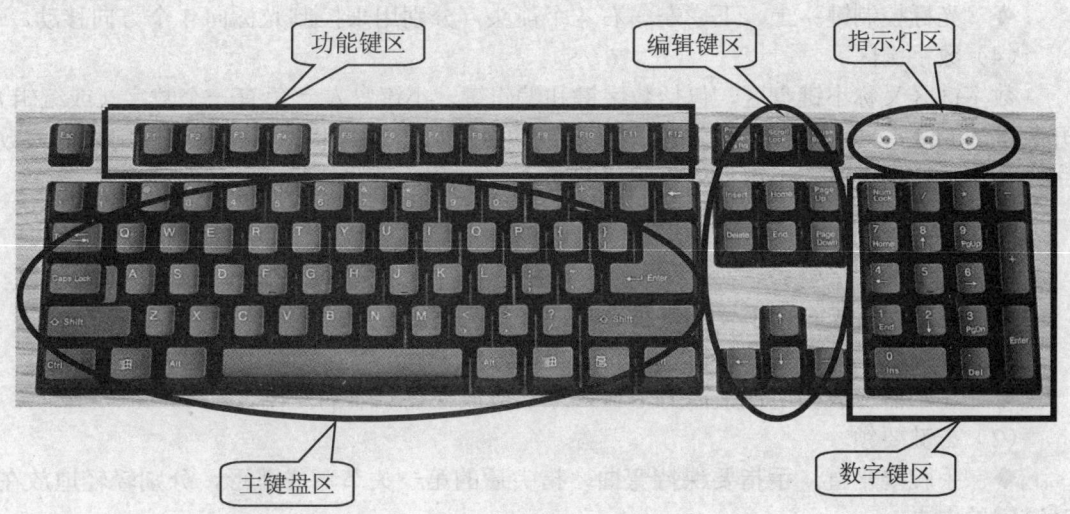

图 1-1　键盘分区图

◆ Alt 键和 Ctrl 键：功能键，单独使用不起作用，必须与其他的键位配合才能使用。如按 Ctrl+Alt+Del 键用来在 Windows XP 下可以调出任务管理器。

◆ Space 键：空格键每按一次输入一个空格字符。

◆ Enter 键：回车键，表示确认或者进行换行操作。如果在 Word 中按回车键，则增加一个段落。

◆ Backspace 键：退格键。用于删除光标左面的字符。

◆ Esc 键：取消键。取消正在进行的操作。

◆ 字母键：按一次输入一个相应的字母。

◆ 数字键：按一次输入相应的数字或数字键上的符号。

◆ Windows 功能键▦：用于打开"开始"菜单。

◆ Windows 功能键▦：打开快捷菜单（相当于右击）。

（2）功能键区

F1～F12 功能键在不同的软件中功能是不同的，但 F1 一般都是帮助键。

（3）编辑键区

◆ Print Screen 键：拷贝屏幕键。可以复制整个屏幕到剪贴板。按下 Alt+Print Screen 组合键，则是复制活动窗口到剪贴板。

◆ Insert 键：插入/改写键。用于切换插入和改写两种状态。

◆ Delete 键：删除键。删除光标右边的字符。

◆ Home 键：快速移动光标到行首。按下 Ctrl+Home 组合键，可快速移动光标到文章的起始位置。

◆ End 键：快速移动光标到行尾。按下 Ctrl+End 组合键，可快速移动光标到文章的最后位置。

◆ PgUp 键：向前翻页键，逐页向前翻页。

◆ PgDn 键：向后翻页键，逐页向后翻页。

◆ 光标控制键：上、下、左、右4个箭头，分别用来控制光标向4个方向移动。

（4）数字键区

数字键区又称小键盘区，包括数字键和编辑键。小键盘左上角有一个数字（或编辑）开关键 Num Lock。当指示灯亮时，表明小键盘处于数字输入状态，这时可以用来输入数字；当指示灯熄灭时，小键盘处于编辑状态。

4．指法练习

（1）正确的打字姿势

◆ 身体保持正直，手臂与键盘、桌面平行为适度。

◆ 手指放于8个基准按键上，手腕平直。

◆ 显示器应放在用户正前方，输入原稿应放在显示器的左侧。

（2）击键要领

◆ 手腕要平直，手指要保持弯曲，指尖后的第一关节弯成弧形，分别轻轻地放在基准键的中央。

◆ 输入时手抬起，只有要击键的手指才可以伸出基准键，击键后立即回到基准键位上。

◆ 击键要轻而有节奏。

（3）正确的指法

F、J 键位上有一小横杠，称为定位键，第三排的 A、S、D、F、J、K、L、; 为基准键位，即左手的食指到小指分别放在 F、D、S、A 上，而右手的食指到小指分别放在 J、K、L 上，两个大拇指都放在空格键上。

指法分工如图 1-2 所示。

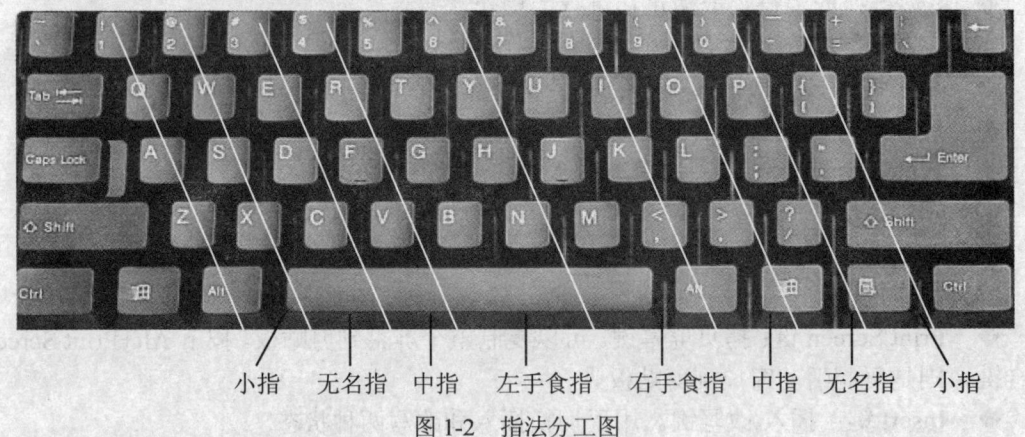

图 1-2　指法分工图

5．用打字软件练习英文输入法

（1）将 Caps Lock 键锁定在小写状态，输入下列内容：

---

abcdefghijklm,nopqrstuvwxyz,ndqikhgzmn,xncbv,qupowlertuy,asdfghjkjdchina,computer,time,application,information

---

提示：输入内容有错时，可用退格键或删除键删除。

（2）将 Caps Lock 键锁定在大写状态，输入下列内容：

ABCDE F G H IJ K LM N OP Q R ST U VWX Y ZAASSFFLI，WWOO QQH UUVV DCC EELL RRTT NNXX MMBB ZZYYJJHH PPTT KKGG AMSN DFBVGHC XJKZLQPWO EIRU TTYYDDII，CHINA，COMPUTER，TIME，APPLICATION，INFORMATION

（3）输入下列大、小写组合字母内容：

aAAbbBBcCddDDiilll UkbKKmJ hhHHggGG PFnnNN xxXXuuUUvv VVq qQwAcdIUwrr RryyYYoopPP

（4）输入下列数字和符号：

0　1　2　3　4　5　6　7　8　9
,　.　!　@　#　$　%　^　&

（5）输入下列内容

A TRAVEL DIARY

　　The farmers don't stay long in the same place. They move on to a new place every two or three years. I asked, "Why don't they stay? Isn't it easier to stay in the same place? Why do they move and burn more of the forest?"

　　The answer is this: you can only grow crops in the forest for one or two years. The soil is very thin in the forest. It is only about 20 centimeters thick. It can easily be destroyed by the burning and by the cows.

　　The soil is made from the dead leaves of the three above. Under the soil there in nothing but sand. When this soil is destroyed, the forest land will become sand again. But this time there will be no trees to make new soil from their leaves.

FACTROY VISIT

　　Grades 2 and 3 will visit the new car factory in Hubei province on Monday, 26th October. The ABC Motor Company was started five years ago and the factory was opened last May.

　　In the morning we will visit the different areas of the car factory. In the afternoon we will visit the factory which makes minibuses and trucks.

　　Please bring a raincoat and a picnic lunch. Wear strong shoes as we shall do a lot of walking.

　　We will meet under the dock at the railway station at 7：00 on Monday morning. The train leaves at 7：40. Don't be late!

思考：使用 Caps Lock 键锁定后，在大写字母输入状态下，何时使用 Shift 键？

（6）使用输入练习软件（如金山打字通；TT 软件，即"英打高手"软件）进行英文输入练习，牢记每一个字母键所在的位置，尽量实现盲打。

实验二　中文输入练习

【实验目的】

- ➢ 练习汉字输入法的切换和半角/全角状态的转换。
- ➢ 掌握输入法的设置。
- ➢ 掌握汉字和标点符号的输入。

【实验内容】

- ◆ 输入法的切换

（1）拼音输入法选择"智能拼音输入法"；
（2）五笔字型输入法；
（3）英文输入法；
（4）全角与半角状态的切换。

- ◆ 认识输入法工具条。
- ◆ 使用智能 ABC 输入法或五笔字型输入法（或者其他自己熟悉的输入法）录入短文，并进行存盘，文件名为 YJXZ.DOC。

【实验要点指导】

1. 输入法设置

Windows XP 中文版中包含有多种汉字输入方式，如微软拼音、全拼、郑码、智能 ABC、双拼、五笔字型等。

（1）单击屏幕下面状态栏中的 CH 按钮，弹出如图 1-3 所示的输入法列表，用户可从中选择自己需要的输入方式。

图 1-3　输入法列表

（2）也可用组合键 Ctrl+Shift 进行输入法切换。
（3）中英文切换。在中英文混合输入时，可用组合键 Ctrl+Space 进行切换。

2. 输入法工具条

输入法切换到中文输入模式后,会显示如图 1-4 所示的输入法工具条,可根据需要进行设置。

中英文切换按钮 —— 软键盘按钮
输入方式切换按钮 | 中英文标点切换按钮
全半角切换按钮

图 1-4 输入法工具条

(1)全角/半角切换。所谓半角是在输入一个非汉字字符时,该字符仅占半个汉字位(即西文字符位);全角是在输入非汉字字符时,该字符占一个汉字位。中英文输入时,若需要全角/半角切换,可使用组合键 Shift+Space 进行,也可单击"全角/半角切换"按钮实现。

(2)中英文标点切换。单击"中英文标点"切换按钮,可进行中文标点符号和英文标点之间的切换,也可使用组合键 Ctrl+.(句号)进行切换。中文标点符号与键盘按键的对照如表 1-1 所示。

表 1-1 中文标点符号与键位对照表

中文符号	键位	说明	中文符号	键位	说明
。句号	.		)右括号	)	
,逗号	,		《书名号	<	自动嵌套
;分号	;		》书名号	>	自动嵌套
:冒号	:		……省略号	^	双符处理
?问号	?		——破折号	_	双符处理
!叹号	!		、顿号	\	
""双引号	"	自动配对	·间隔号	@	
''单引号	'	自动配对	—连接号	&	
(左括号	(		¥人民币号	$	

(3)使用软键盘。在 Windows XP 中提供了多种软键盘,其中包括 PC 键盘、希腊字母、俄文字母、注音符号、拼音、日文平假名、日文片假名、标点符号、数字序号、数学符号、单位符号、制表符及特殊符号等。右击软键盘按钮,屏幕显示软键盘菜单,如图 1-5 所示,其中包括帮助、版本信息、定义新词和属性设置,用户可以根据需要进行选择。

图 1-5 输入法设置菜单

3. 汉字输入

使用自己熟悉的中文输入法录入下面的短文,并作为文件存盘,文件名为 YJXZ.DOC。

> Internet 的发展带动了 Web 的发展,人们对 web 站点的设计和功能提出了更高的要求。要求 Web 具有智能性。能快速、准确地找到用户所需信息;能为不同用户提供不同的服务;能为用户提供产品营销策略信息等等。由于 Web 服务器的 Log 日志有着较为完整的结构,记录了用户访问 Web 站点时,所访问的页面、时间、用户 ID 等信息。在实际应用中可以通过对 web 日志的挖掘来提高 Web 的功能。
>
> Web 日志挖掘是将数据挖掘技术应用于 Web 服务器上的日志文件,以发现用户的浏览模式、分析站点的使用情况。目前很多大型网站采用分布式的结构,拥有多台 Web 服务器,服务器日志文件水平分布在不同的镜像服务器上。
>
> 将多代理技术与 Web 日志挖掘技术结合起来,一方面可以更清晰的进行数据挖掘系统的设计,另一方面可以充分利用多代理技术来提高数据挖掘地效率和效果,从而协助管理者优化网站结构、提高访问效率,对网站的智能化设计具有重大意义。

实验三　计算机硬件组装

【实验目的】

- 认识计算机的各硬件(主板、电源、硬盘、内存条、CPU 等)。
- 了解各部件的作用、性能、特点及使用环境。
- 掌握计算机组装的步骤和注意事项、各部件的固定和连接方法。
- 培养学生的动手能力,增强实践能力。

【实验内容】

- 准备好配件。
- 安装 CPU 和 CPU 散热风扇。
- 安装内存条。
- 在机箱底板上固定主板。
- 安装电源。
- 安装硬盘、光驱。
- 安装显卡、声卡、网卡。
- 连接电源线。

- ◆ 连接数据线。
- ◆ 安装指示灯。
- ◆ 连接显示器、键盘、鼠标等外部设备。
- ◆ 检查并加电测试。

【实验要点指导】

1．准备好配件

（1）组装必备工具：十字螺丝刀、一字螺丝刀、尖嘴钳、镊子、硅胶、一个稳固的工作台；

（2）准备好所需的配件：CPU、内存、硬盘、主板、显卡、声卡、网卡、光驱、机箱、电源、鼠标、键盘、显示器、音箱等；

（3）在安装前，先清除身上的静电。通过洗手或触摸金属外壳等方法释放静电。对各个部件要轻拿轻放，不要碰撞，尤其是硬盘。安装主板一定要稳固，同时要防止主板变形，否则会对主板的电子线路造成损伤。

2．安装 CPU 和 CPU 散热风扇

下面以常见的 Socket 插座的 CPU 为例来介绍 CPU 的安装步骤。

（1）将插座侧面的锁紧杆轻按并向外侧扳（先轻下压，再稍向外扳，再将锁紧杆向上抬到垂直位置）；

（2）将 CPU 上针脚有缺针的部位对准插座上的缺孔部位，让 CPU 自动落下后再按紧，再将锁紧杆按下成水平方向，向内推靠一下使其卡住；

（3）在 CPU 风扇（散热片）与 CPU 之间涂上硅胶，并通过扣具将风扇紧紧固定在主板 CPU 插座上。

3．安装内存条

（1）将内存条的底部金手指上的凹部对准插槽的凸部，对准方向后将内存条垂直向下压入插槽中，听到内存插槽两侧的弹性塑料卡发出"咔"的声响后内存即安装到位；

（2）检查内存条插槽两侧的弹性卡是否卡住内存条两侧的缺口，以固定内存条的位置。

4．在机箱底板上固定主板

主板一般使用铜支脚（一头带螺丝拧入主板，另一头是螺母型的支脚）和金属螺钉来固定。基本方法是：

（1）根据需要去掉机箱挡板；

（2）用主板上的螺钉孔位比一下托板上的位置（托板上的孔位多于主板上的，以适应不同尺寸的主板），把铜支脚旋紧在底板上；然后把主板小心地放在上面，注意将主板上的键盘口、鼠标口、串并口等和机箱背面挡片的孔对齐，使所有螺钉对准主板的固定孔，依次把每个螺丝安装好。

5. 安装和连接电源

先安装好机箱电源，再把电源连接到主板中。

（1）把电源放在电源固定架上，使电源后的螺丝孔和机箱上的螺丝孔一一对应，然后拧紧；

（2）连接主板电源：ATX 电源与主板相连的接口是一个 10×2 的 20 针白色排孔，将插头上的挂钩一侧对准主板插座上的凸出部位，压入即可完成连接。

面板线的具体连接方式因为主板型号不同而有所不同，参考说明书接好电源开关（POWER SW）、硬盘指示灯（HDD LED）、电源指示灯（POWER LED）、复位键（RESET SW）、喇叭线（SPEAKER）等。

6. 安装硬盘和光驱

（1）将硬盘插到固定架中，注意方向，保证硬盘正面朝上，接口部分背对面板；

（2）固定螺丝；

（3）安装光驱时先从机箱面板上取下一个 5 英寸槽口的挡板；

（4）把光驱安装在 5 英寸固定架上，保持光驱的前面和机箱面板齐平；

（5）在光驱的每一侧用两个螺丝初步固定，先不要拧紧，这样可以对光驱的位置进行细致的调整，然后再把螺丝拧紧。

7. 安装显卡、声卡和网卡

主板上的黑色槽是 ISA 插槽，白色槽是 PCI 槽，还有一个棕色的是 AGP 插槽，是专门用来插 AGP 显示卡的。把显示卡以垂直于主板的方向插入 AGP 插槽中，用力适中并要插到底部以保证卡和插槽的良好接触，用螺丝将其尾部的金属接口挡板固定在机箱后部。

声卡和网卡的安装方法和显卡类似，不再赘述。

8. 连接电源线

ATX 电源比较方便，它的开关不是由电源直接引出的接线，而是在主板上，由主板控制。ATX 电源有 3 种输出接头，其中比较大的是主板电源插头，并且是单独的一个，其中一侧的插头有卡子，安装时不会弄反。连接时只要将插头对准主板上的插座插到底就可以了。

9. 连接数据线

新型的 ATX 主板上有一个软驱接口、两个 IDE 口。IDE 口是用来连接 IDE 设备的，一个是主接口，一个是副接口。每个 IDE 口可以连接两个 IDE 设备，所以一台计算机最多可连接 4 个 IDE 设备。在主板上，主 IDE 口一般用"Primary IDE"或"IDE 1"来表示，接在硬盘上；另一个用"Secondary IDE"或"IDE 2"表示，接在光驱上。

在主板的各个接口附近都标明了第一根针的位置，在接线之前先要弄清楚。我们用到的连接线有软驱线、硬盘线、鼠标连接口和打印机连接口。硬盘数据线是 40 芯的，有 3 个接头，它们不分顺序，其中两个接头连接硬盘和光驱，第三个接头接到主板的主 IDE 接口上。数据线上都有一根色线，一般为红线，接线原则是色线对应接口上的第一根针，主板上的接口和设备接口都是这样。先接好主板这头，再接光驱，再接硬盘。现在的主板上都给这些接口加了一个带有缺口的插座，正好和数据线接头上的形状相同，方向是不会搞错的。

10. 安装指示灯

机箱面板上的许多线头空着，它们是一些开关和指示灯，还有 PC 喇叭的连线，都需要接在主板上。ATX 结构的机箱上有一个总电源的开关接线，是个两芯的插头，它和 Reset 的接头一样，按下时短路，松开时开路，按一下，计算机的总电源就被接通了，再按一下就关闭。用户还可以在 BIOS 里设置为开机时必须按电源开关 4 秒钟以上才会关机，或者设置不能按开关而只能靠软件关机。

硬盘指示灯的两芯接头，1 线为红色。在主板上，这样的插针通常标着 IDE LED 或 HD LED 的字样，连接时要红线对 1。接好后，当计算机在读写硬盘时，机箱上的硬盘灯会亮。有一点要说明，这个指示灯只能指示 IDE 硬盘，对 SCSI 硬盘则不行。三芯插头是电源指示灯的接线，使用 1、3 位，1 线通常为绿色。在主板上，插针通常标记为 Power，连接时注意绿色线对应于第一针（+）。当它连接好后，计算机一打开，电源灯就一直亮着，指示电源已经打开了。PC 喇叭的四芯插头实际上只有 1、4 两根线，1 线通常为红色，它要接在主板的 Speaker 插针上，这在主板上有标记，通常为 Speaker。在连接时，注意红线对应 1 的位置。

11. 连接外部设备

（1）连接键盘和鼠标。先来接键盘，键盘接口在主板的后部，是圆形的。键盘插头上有向上的标记，连接时按照这个方向插好即可。圆口的 PS/2 鼠标就插在键盘上面的鼠标插孔中。

（2）连接显示器和音箱。接显示器的信号线，15 针的信号线接在显示卡上，电源接在主机电源上或直接接电源插座。注意不要用力太猛。接音箱，通常有源音箱接在 Speaker 口或 Line-out 口上，无源音箱接在 Speaker 口上。

（3）连接主机箱的电源线。

12. 检查并加电测试

连接好显示器、键盘、鼠标、硬盘、光驱后对计算机做一次全面的检查。检查的内容主要是：内存条是否插入良好；各插头插座连接有无错误、接触是否良好；各驱动器、显示器、键盘、鼠标是否连接良好等。如果正确无误，就可以进行整机系统加电测试。

接通主机电源后，如果系统工作正常，在屏幕上很快会出现显示信息；如果不能正常启动，应关掉电源，根据报警声和现象查找故障的部位。

第 2 章　Windows XP 操作系统

实验一　Windows XP 基本操作和文件管理

【实验目的】

> ➢ 熟悉 Windows XP 的桌面、图标、窗口等组成元素，能够使用鼠标工具。
> ➢ 掌握 Windows XP 的基本操作。
> ➢ 熟悉资源管理器的组成及基本操作。
> ➢ 掌握文件管理操作。
> ➢ 掌握磁盘管理操作。
> ➢ 掌握回收站的管理操作。

【实验内容】

- ◆ 桌面的管理操作。
- ◆ 开始菜单的操作。
- ◆ 资源管理器的认识。
- ◆ 文件和文件夹的管理操作。
- ◆ 磁盘的管理操作。

【实验要点指导】

1．桌面的管理

（1）将桌面上的所有图标排列在整个桌面的中部。

在桌面的空白位置右击，在弹出的快捷菜单中选择"排列图标"|"自动排列"命令（去掉生效状态√），如图 2-1 所示，再将桌面的图标逐一拖动到合适位置。

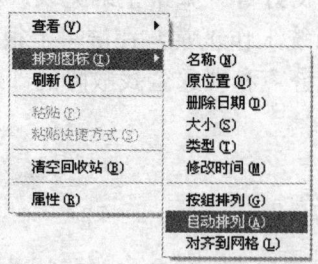

图 2-1　"排列图标"命令

（2）将桌面的所有图标按名称排列。

在桌面的空白位置右击，在弹出的快捷菜单中选择"排列图标"|"按名称"命令。

（3）打开"我的电脑"和"回收站"图标对应的窗口。

分别双击桌面上的"我的电脑"图标和"回收站"图标，打开相应的窗口。

（4）手动调整两个窗口的大小并移动窗口，使两个窗口横向平铺在整个桌面，效果如图 2-2 所示。

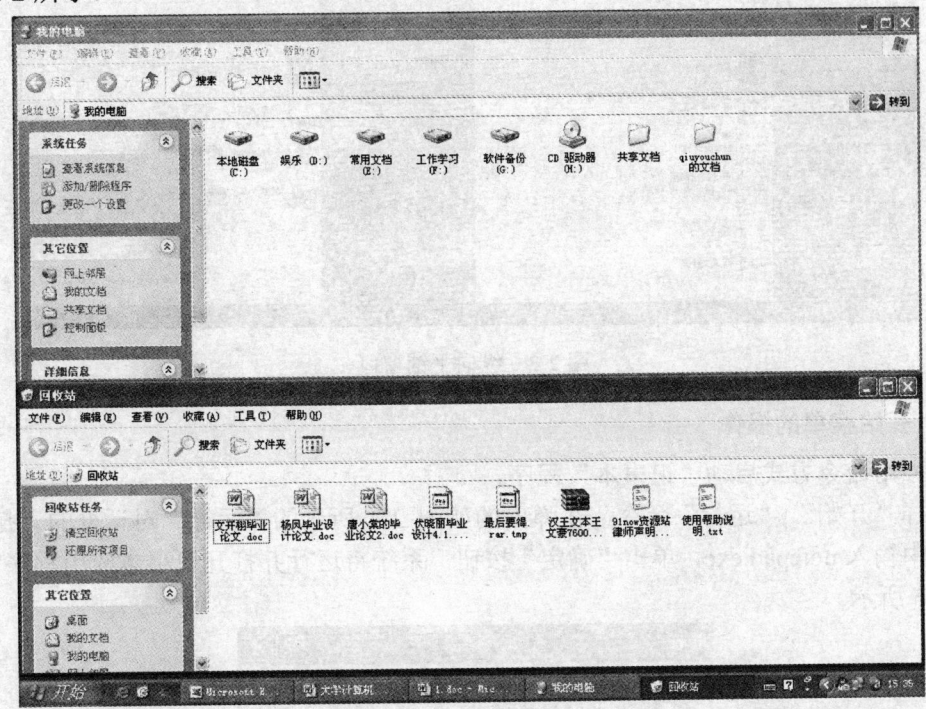

图 2-2　横向平铺窗口效果

鼠标移动到窗口边界，呈现⇕、↔、↘、↗状态时按下鼠标左键并拖动鼠标调整窗口大小，鼠标指向窗口的标题栏按下鼠标左键并拖动可以移动窗口位置。

（5）使用命令方式自动将两个窗口纵向平铺在整个桌面上。

在任务栏的空白位置右击，在弹出的快捷菜单中选择"纵向平铺窗口"命令，效果如图 2-3 所示。

窗口的排列是一个比较实用的操作，常用于需要将不同窗口的内容对照操作的情况。排列可以手动调整，也可以使用命令实现。使用命令方式时，参加排列的窗口是所有已经打开且没有被最小化的窗口。

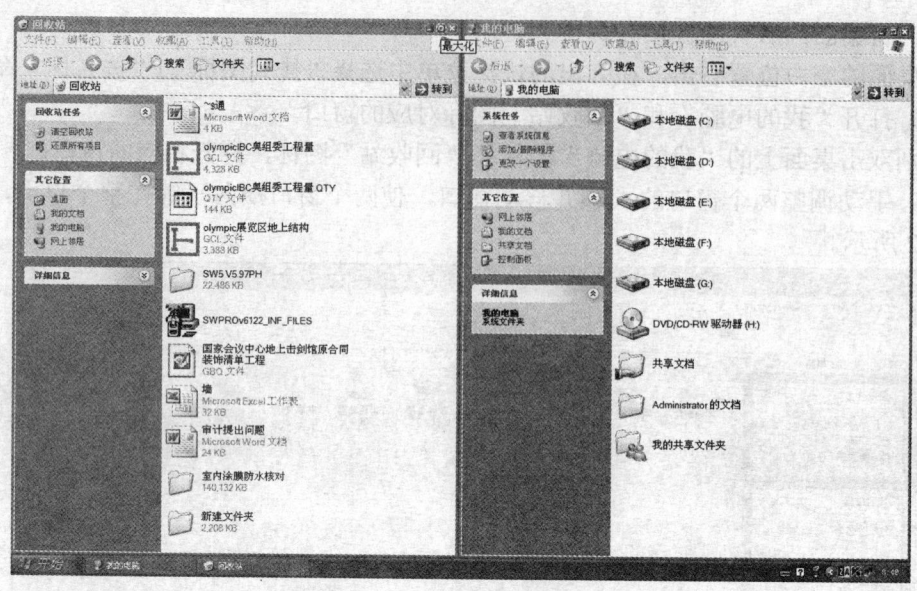

图 2-3 纵向平铺窗口

2．开始菜单的操作

（1）用命令方式启动"记事本"程序。

选择"开始"|"运行"命令，在弹出的如图 2-4 所示的"运行"对话框的"打开"组合框中输入 notepad.exe，单击"确定"按钮，系统将运行并打开记事本应用程序窗口，如图 2-5 所示。

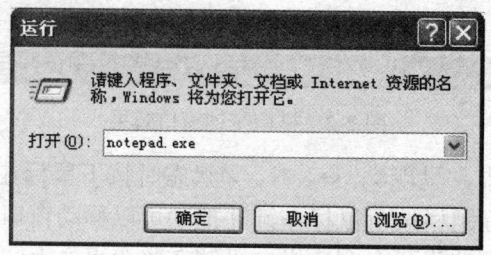

图 2-4 "运行"对话框

（2）将"纸牌"程序移动到"所有程序"组中。

单击"开始"|"所有程序"|"附件"|"游戏"命令，将其中的"纸牌"直接拖动到"所有程序"组中。

提示：在 Windows XP 中使用拖动的方法可以很方便地移动"开始"|"所有程序"中的项目位置，如果想复制某个项目，只需要按住 Ctrl 键再拖动鼠标即可。

（3）搜索计算机 C 盘中所有包含文字"记事本"的文件。

单击"开始"|"搜索"命令，弹出的如图 2-6 所示的"搜索结果"窗口。在左窗格的"要搜索的文件或文件夹名为"文本框中输入"记事本"，在"搜索范围"列表框中选择"C 盘"，再单击"立即搜索"按钮，满足条件的文件将会被搜索出来并显示在右侧的列表窗格中。

图 2-5 记事本应用程序窗口

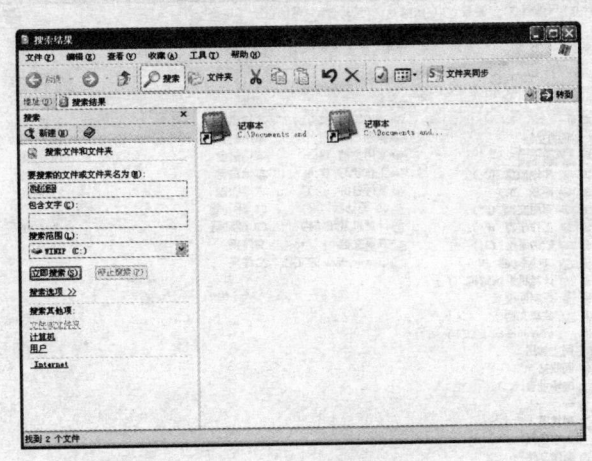

图 2-6 "搜索结果"窗口

(4) 任务栏的隐藏操作。

右键单击任务栏空白处,在弹出的快捷菜单中选择"属性",弹出"任务栏和[开始]菜单属性"对话框。在对话框中选择"自动隐藏任务栏"复选框,单击"确定"按钮,如图 2-7 所示。

此时任务栏在桌面窗口中不可见,把鼠标移至任务栏所在的位置时,任务栏则出现在屏幕窗口中,移开鼠标,任务栏即隐藏。

3. 资源管理器的认识

(1) 单击"开始"|"所有程序"|"附件"|"Windows 资源管理器"命令,或者在"开始"按钮、"我的电脑"和"我的文档"图标等处右击,在弹出的快捷菜单中选择"资源管理器"选项来启动程序,资源管理器窗口如图 2-8 所示。

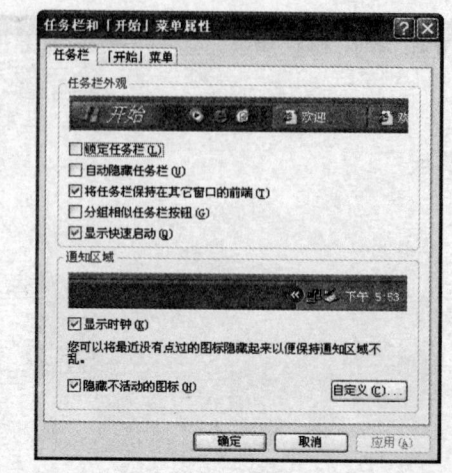

图 2-7 "任务栏和「开始」菜单属性"对话框

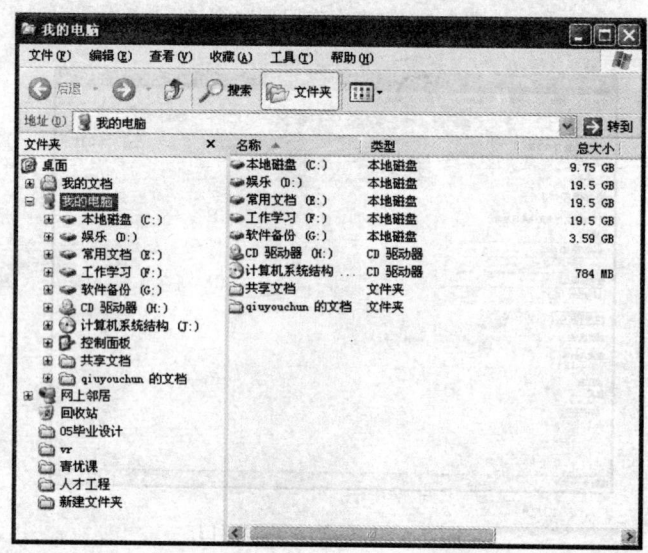

图 2-8 "资源管理器"窗口

（2）将鼠标移动到左右窗格之间的分隔线上，拖动鼠标即可调整文件夹左窗格和文件列表右窗格的大小。

（3）文件夹窗格中的项目以树状目录结构形式显示。单击对应项目前的"+"号，可以展开该项目的下一层项目；单击对应项目前的"-"号，可将该项目折叠起来。

（4）单击窗口工具栏中的"查看"按钮或者选择"查看"|"平铺/图标/列表/详细信息/缩略图"命令设置文件的显示查看方式，如图 2-9 所示。

（5）选择"查看"|"排列图标"|"按名称/按类型/按大小/按时间"命令设置文件的排列顺序；也可以在"详细信息"查看方式下，单击右窗格上方"列标题"栏中的"名称""类型""大小"和"修改时间"中的某一项来排列文件。

（6）选择"工具"|"文件夹选项"命令（如图 2-10 所示），在弹出的对话框中单击"查看"选项卡，选中"显示所有文件和文件夹"单选按钮，去掉对"隐藏已知文件类型

的扩展名"复选框的选择，使资源管理器中能显示所有文件的扩展名并显示隐藏的文件和文件夹，如图 2-11 所示。

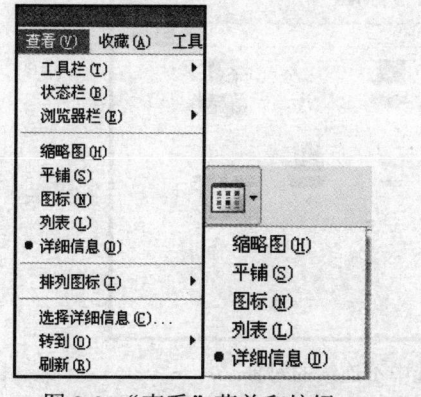

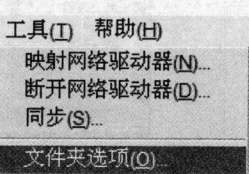

图 2-9 "查看"菜单和按钮　　　　图 2-10 文件夹选项命令

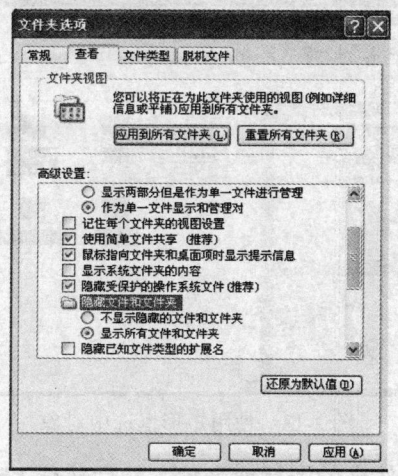

图 2-11 "文件夹选项"对话框

说明一点，"我的电脑"和资源管理器所能实现的功能是完全一样的，所不同的主要是初始界面的风格，即"我的电脑"窗口无文件夹左窗格。在"我的电脑"窗口中单击常用工具栏中的文件夹按钮，就与资源管理器无论是从风格还是操作上都完全一致了。

4．文件或文件夹管理操作

（1）选择对象。
◆ 在"我的电脑"窗口中打开"D:盘"。
◆ 在"D:\"窗口中，单击文件或文件夹的图标，即可选中文件或文件夹。
◆ 按住"Ctrl"键不放，逐一单击待选定的文件或文件夹图标，即可一次选中多个不连续的对象，如图 2-12 所示。
◆ 按下鼠标左键并拖动，这时出现一个矩形框，拖动鼠标改变矩形框大小，释放鼠标左键即可选择矩形框内的对象，如图 2-13 所示。

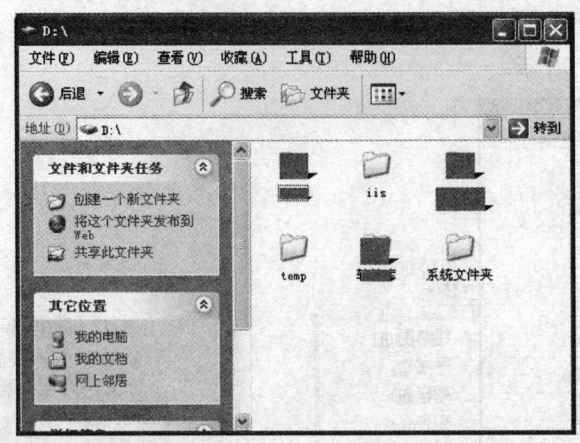

图 2-12 选中不连续的对象

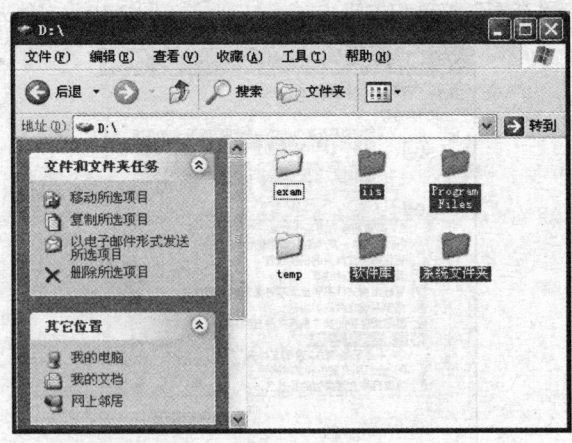

图 2-13 使用矩形框选中对象

◆ 单击某个文件或文件夹的图标或名称,然后按住 Shift 键不放,再单击另一个文件或文件夹的图标或名称,释放 Shift 键,即可选中这两个文件或文件夹之间的所有对象,如图 2-14 所示。

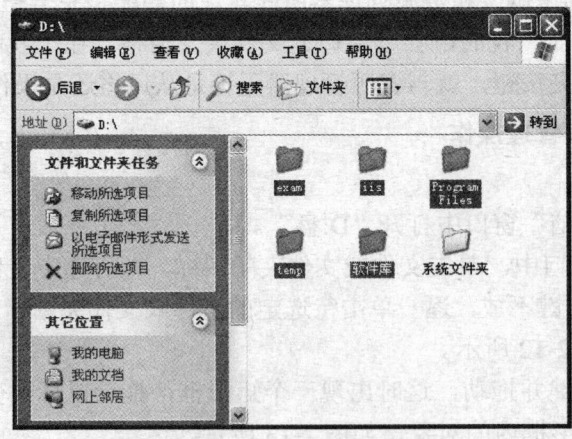

图 2-14 用 Shift 键选中连续对象

◆ 单击"编辑"|"全部选定"命令（如图 2-15 所示），或者按 Ctrl+A 组合键，可以选中当前文件夹中的所有对象，如图 2-16 所示。

图 2-15 全选对象菜单命令

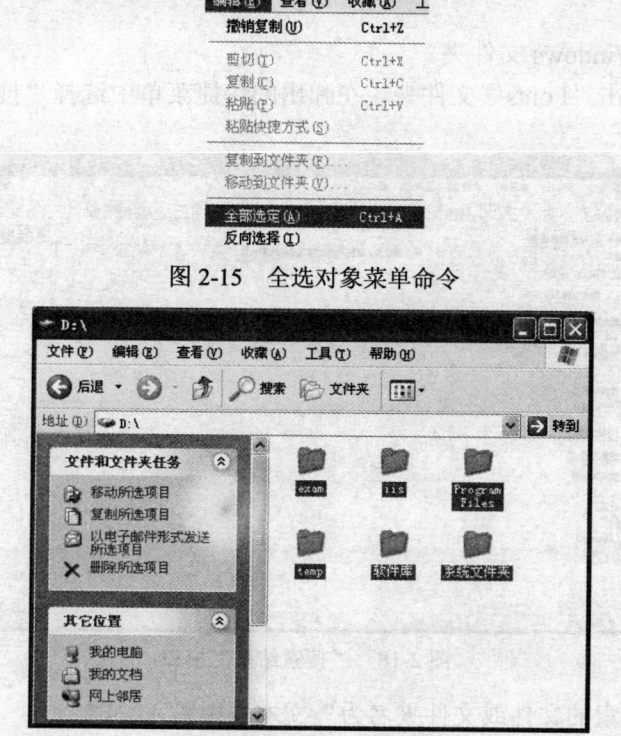

图 2-16 选中了全部对象

（2）新建和重命名文件夹。

在桌面新建文件夹的方法是：在桌面的空白处右击，选择"新建"|"文件夹"命令，并命名为"sprit"。

将文件夹"sprit"改名为"dash"的步骤如下：

◆ 右击"sprit"文件夹图标。

◆ 在弹出的快捷菜单中选择"重命名"选项（或单击两次名称"sprit"），如图 2-17 所示。

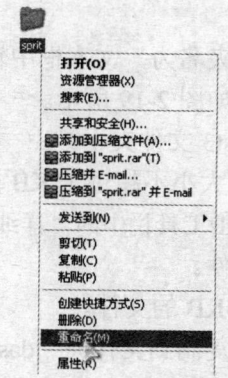

图 2-17 重命名文件夹

◆ 输入新名称"dash"。

(3) 在 C:\Windows\Fonts 夹中查找以字母"b"开头的文件,并将它们复制到文件夹"dash"中。

◆ 打开 C:\Windows 文件夹。

◆ 用鼠标右击"Fonts"文件夹,在弹出的快捷菜单中选择"搜索"命令,弹出如图 2-18 所示的窗口。

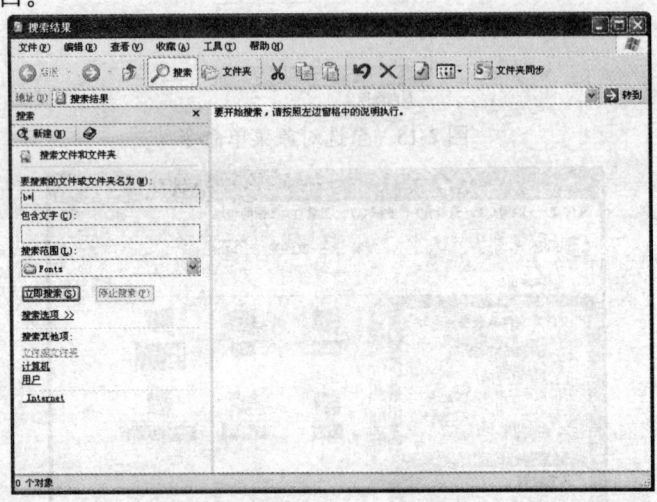

图 2-18 "搜索结果"窗口

◆ 在"要搜索的文件或文件夹名为"文本框中输入"b*"。

◆ 单击"立即搜索"按钮。

◆ 将搜索到的文件选定,单击"编辑"|"复制"命令(或按 Ctrl+C 快捷键)复制到剪贴板中。

◆ 打开"dash"文件夹,在文件夹中单击"编辑"|"粘贴"命令(或按 Ctrl+V 快捷键)粘贴这些文件。

(4) 将文件夹"Fonts"中所有文件名中第二个字母为 u 的文件复制到文件夹"dash"中。

◆ 右击 files2 文件夹,在弹出的快捷菜单中选择"搜索"选项,打开"搜索结果"窗口。

◆ 在"要搜索的文件或文件夹名为"文本框中输入"?u*.*"。

◆ 单击"立即搜索"按钮,如图 2-19 所示。

◆ 将搜索到的文件复制到 test3 文件夹中。

(5) 将文件夹"Fonts"中所有大小不超过 15KB 的文件复制到文件夹"dash"中。

◆ 打开"Fonts"文件夹,单击工具栏中的"详细信息"按钮。

◆ 单击"大小"按钮排列文件。

◆ 用鼠标选中大小不超过 15KB 的文件。

◆ 用复制、粘贴命令将它们复制到文件夹"dash"中。

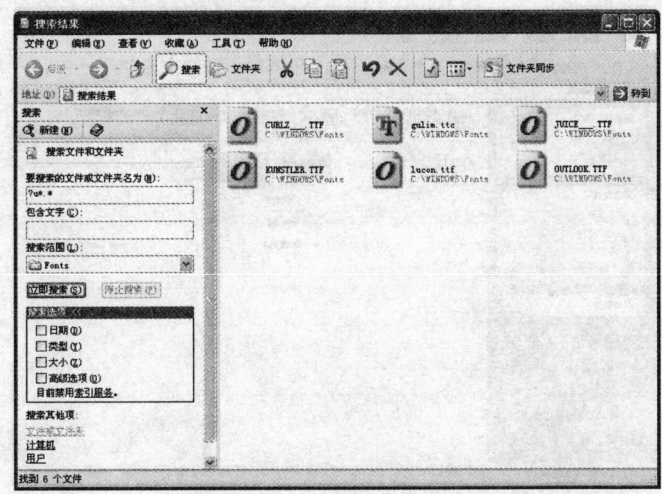

图 2-19 "搜索结果"窗口

(6) 将"我的文档"中所有类型为 jpg 和 txt 的文件复制到文件夹"dash"中。
◆ 打开"我的文档"文件夹。
◆ 在窗口工具栏中单击"搜索"选项,打开"搜索结果"窗口。
◆ 在"要搜索的文件或文件夹名为"文本框中输入"*.jpg,*.txt"。
◆ 单击"立即搜索"按钮,如图 2-20 所示。

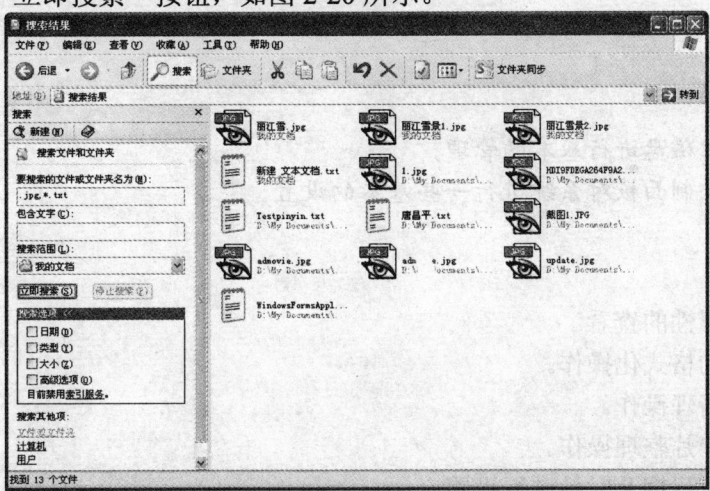

图 2-20 "搜索结果"窗口

◆ 将搜索到的文件复制到"dash"文件夹中。

5.回收站的操作管理

(1) 将回收站中的文件还原。

在桌面上双击"回收站"图标打开"回收站"窗口,在其中选中某一个文件,单击左侧窗格中的"还原此项目"任务,即可将选中的文件发送回被删除前所在的位置,如图 2-21 所示。

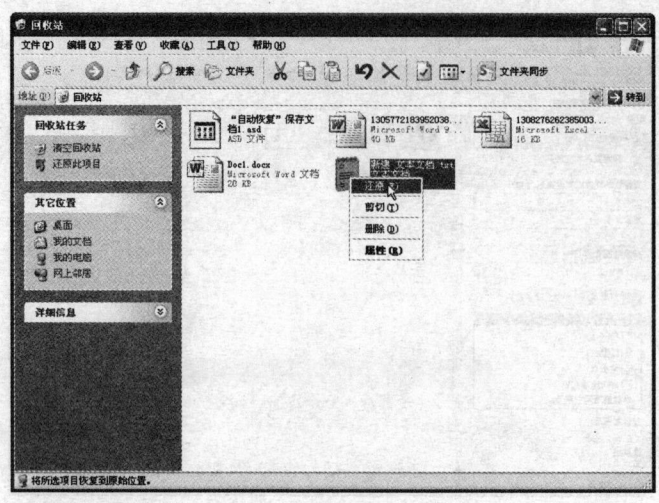

图 2-21 "回收站"窗口

（2）清空回收站的内容。

在"回收站"窗口中不选择任何项目，直接单击左侧窗格中的"清空回收站"任务，即可彻底清除回收站中的所有内容，清除的内容不能还原。

实验二　Windows XP 系统设置

【实验目的】

> 掌握对磁盘进行基本的管理。
> 使用控制面板对系统进行一些基本的设置。

【实验内容】

◆ 磁盘属性的查看。
◆ 磁盘的格式化操作。
◆ 磁盘清理操作。
◆ 磁盘碎片整理操作。
◆ 对系统日期及时钟进行设置。
◆ 对键盘或输入法进行设置。
◆ 对鼠标进行设置。
◆ 设置显示属性。
◆ 安装新字体。
◆ 添加/删除程序。

【实验要点指导】

1. 磁盘属性的查看

Windows XP 能够对硬盘、软盘和移动硬盘等进行有效的管理，可以通过属性查看选中的磁盘的各种基本信息。

在"我的电脑"窗口中选择 C 盘并右击，在弹出的快捷菜单中选择"属性"选项，弹出"磁盘属性"对话框，查看 C 盘的文件系统类型、已用空间、可用空间和总的磁盘容量等基本信息，如图 2-22 所示。

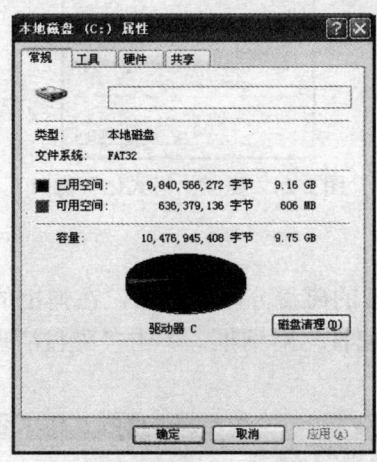

图 2-22 "磁盘属性"对话框

2. 磁盘格式化操作

（1）在桌面上双击"我的电脑"图标，打开"我的电脑"窗口，选择要进行格式化的磁盘并右击，在弹出的快捷菜单中选择"格式化"选项，如图 2-23 所示。

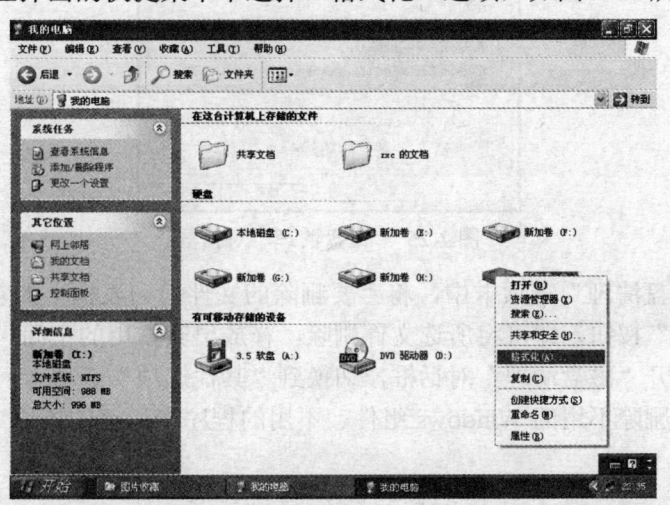

图 2-23 磁盘"格式化"命令选择

（2）在弹出的"格式化"对话框中进行如图 2-24 所示的设置，然后单击"开始"按钮进行格式化,格式化之前将弹出确认格式化的提示对话框,单击"确定"按钮完成格式化操作。

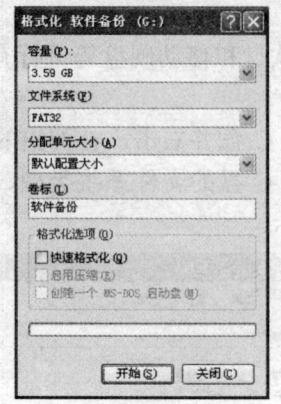

图 2-24 磁盘"格式化"窗口

3. 磁盘清理操作

(1)选择要进行磁盘清理的磁盘分区并右击,在弹出的快捷菜单中选择"属性"选项,弹出如图 2-22 所示的"属性"对话框,单击"磁盘清理"按钮,弹出"磁盘清理"对话框,如图 2-25 所示。

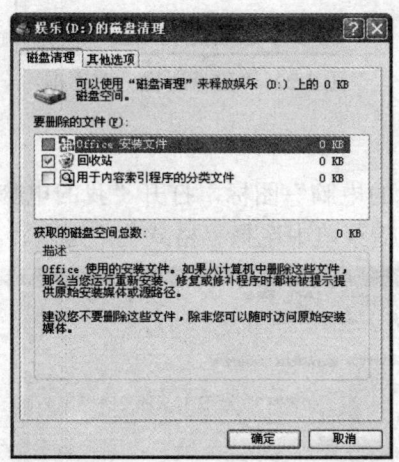

图 2-25 "磁盘清理"对话框

(2)在"磁盘清理"选项卡中,将"要删除的文件"列表框中的复选框全部选中,然后单击"确定"按钮,即可将所选文件删除,释放出其占用的空间。

(3)再次打开"磁盘清理"对话框,切换到"其他选项"选项卡,如图 2-26 所示。在此,可以通过删除不用的 Windows 组件、不用的程序和所有的还原点来释放更多的磁盘空间。

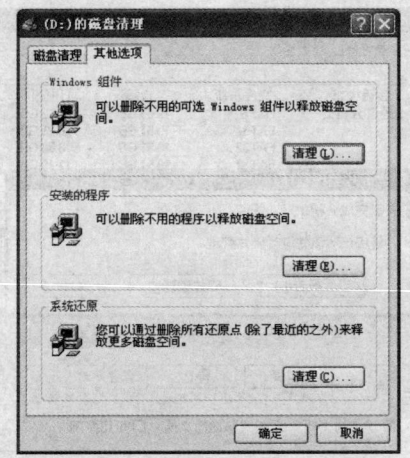

图 2-26 "其他选项"选项卡

4．磁盘碎片整理

（1）选择"开始"|"所有程序"|"附件"|"系统工具"|"磁盘碎片整理程序"命令，打开"磁盘碎片整理"窗口，如图 2-27 所示。

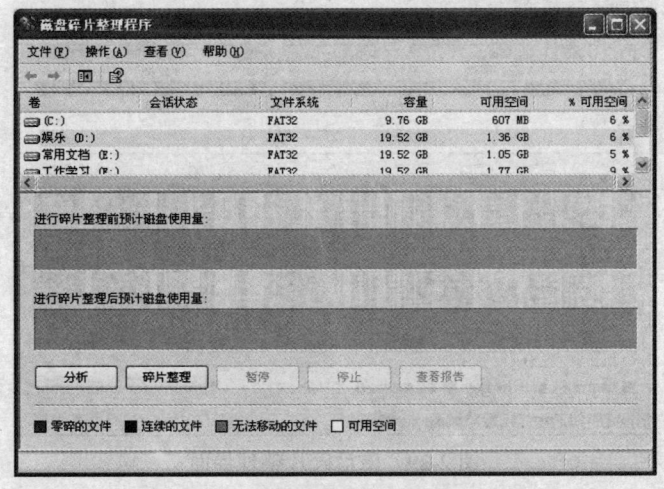

图 2-27 "磁盘碎片整理程序"窗口

（2）单击选定要进行磁盘整理的驱动器。
（3）单击"分析"按钮对磁盘进行分析。完成后界面如图 2-28 所示。

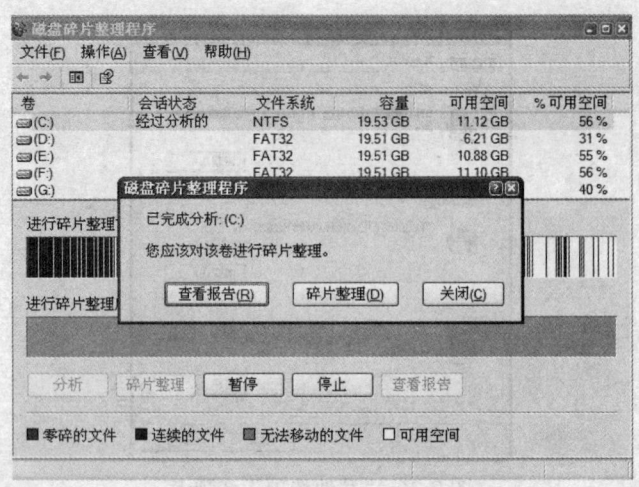

图 2-28 "分析"界面

(4) 若分析后确实需要整理,单击"碎片整理"按钮来实现,其操作界面如图 2-29 所示。

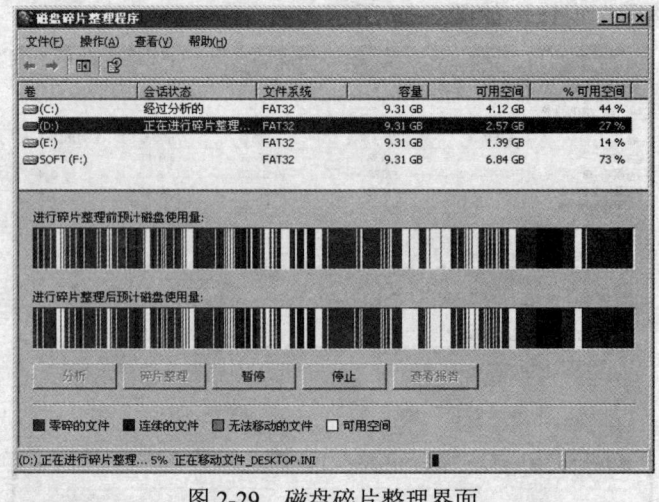

图 2-29 磁盘碎片整理界面

5. 控制面板的操作

对系统所做的诸如安装、配置、管理、优化等工作都是在控制面板中完成的,它是集中管理系统的场所。单击"开始"|"控制面板"命令可以打开控制面板。

在控制面板窗口中对于任意一个图标双击它即可打开相应的子窗口,从而实现对系统相应属性的设置。如图 2-30 所示为 Windows XP 的"控制面板"窗口。

图 2-30 "控制面板"窗口

（1）显示属性。

◆ 在"控制面板"窗口中双击"显示"图标，弹出如图 2-31 所示的"显示属性"对话框。

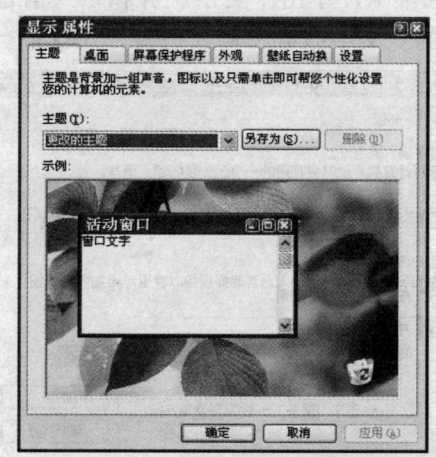

图 2-31 "显示属性"对话框

◆ "桌面"选项卡用于设置 Windows 桌面的图案，可以在"背景"列表框中选择适当的图片设为桌面；也可以单击"浏览"按钮，在打开的对话框中选择更多的图片，选择好后单击"打开"按钮，即把选择的图片加入"背景"列表框中。

◆ 在"屏幕保护程序"选项卡中可以设置屏幕的保护程序。如单击"屏幕保护程序"选项卡，单击"屏幕保护程序"下拉列表框，选择"飞越星空"，单击"确定"按钮，可将屏幕保护程序设为"飞越星空"。

◆ 在"设置"选项卡中可以对显示器的颜色及显示区域进行设置，方法同上。

（2）区域和语言选项。

按以下步骤打开设置输入法的"文字服务"对话框：

◆ 双击"控制面板"窗口中的"区域和语言选项"图标，弹出如图 2-32 所示的"区域和语言选项"对话框。

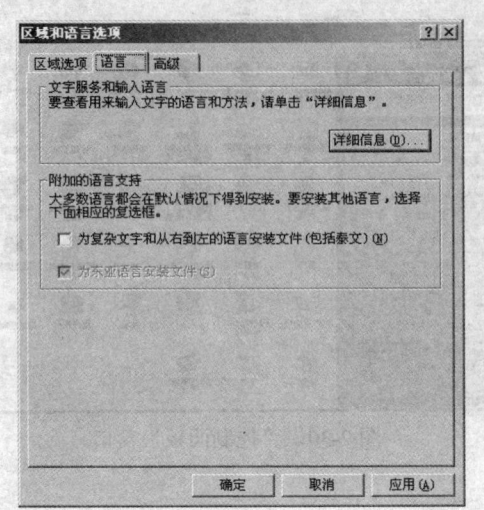

图 2-32 "区域和语言选项"对话框

◆ 切换到"语言"选项卡，单击"文字服务和输入语言"选项中的【详细信息】按钮，弹出如图 2-33 所示的"文字服务和输入语言"对话框。

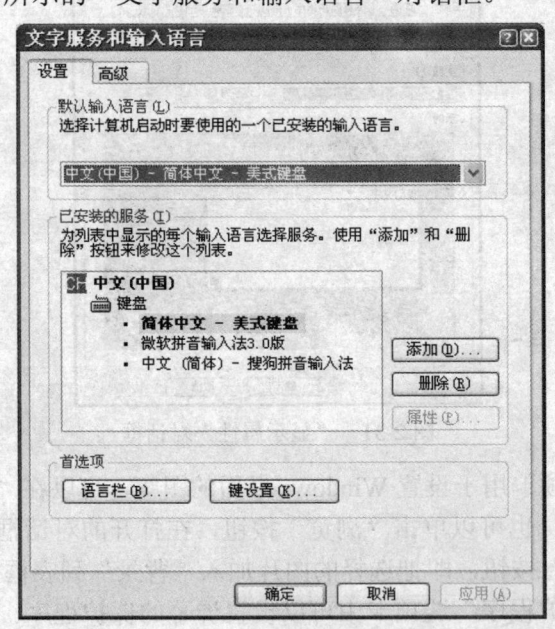

图 2-33 "文字服务和输入语言"对话框

◆ 右击任务栏系统托盘中的输入法指示器按钮，在弹出的快捷菜单中选择"设置"选项，也可以打开"文字服务和输入语言"对话框。

◆ 在该对话框中，可以"添加"或"删除"输入法，也可以对输入法的"属性"和热键进行设置。

(3) 添加或删除程序。

◆ 在"控制面板"窗口中双击"添加或删除程序"图标，打开"添加或删除程序"窗口，如图 2-34 所示。

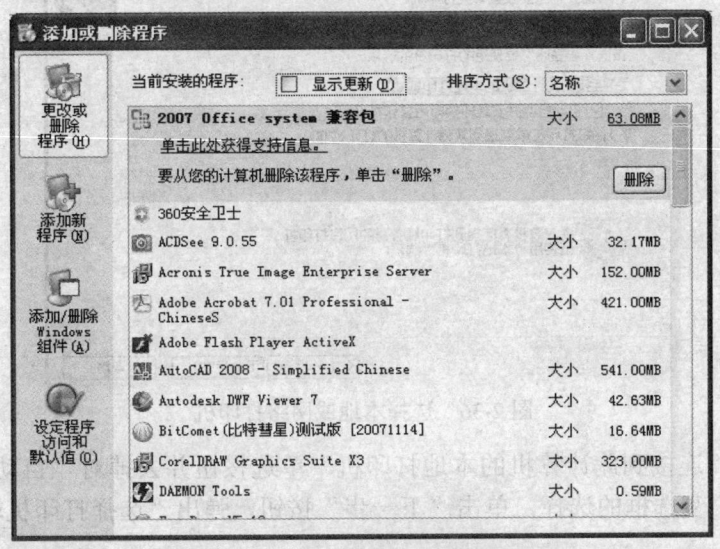

图 2-34　"添加或删除程序"窗口

◆ 按住窗口最右边的垂直滚动滑块滚动当前安装程序列表，查找先前安装的更新程序，选择要删除的更新程序，然后单击"删除"按钮，这时会弹出一个"删除向导"对话框（如果删除不同程序，则弹出的对话框不一样），在其中根据提示单击"下一步"按钮，直到删除操作完成。

(4) 添加打印机。

◆ 将打印机数据线接口连接到计算机主板对应的接口位置上。

◆ 在控制面板中，双击"打印机和传真"图标，在左侧窗格中单击"添加打印机"，弹出"添加打印机向导"对话框，如图 2-35 所示。

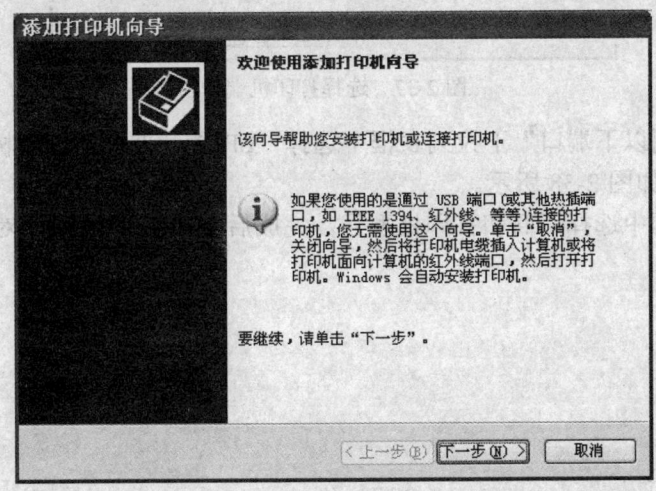

图 2-35　"添加打印机向导"对话框

◆ 单击"下一步"按钮，弹出如图 2-36 所示的对话框。

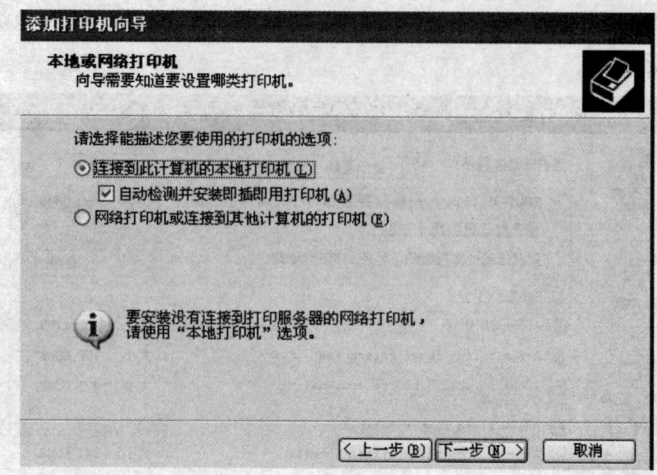

图 2-36　选择本地或网络打印机

◆ 选中"连接到此计算机的本地打印机"单选按钮并去掉对"自动检测并安装即插即用打印机"复选框的选择，单击"下一步"按钮，弹出"选择打印机端口"对话框，如图 2-37 所示。

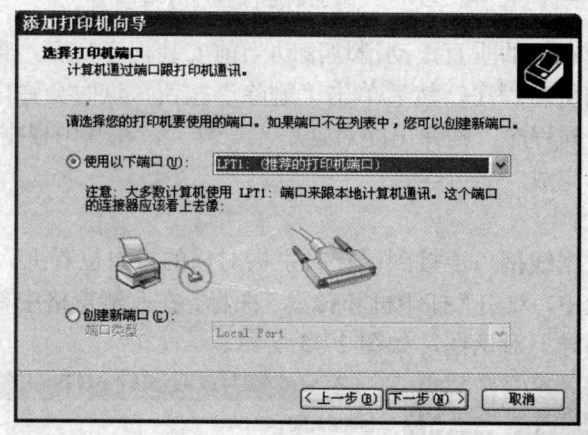

图 2-37　选择打印机端口

◆ 在"使用以下端口"下拉列表框中选择"LPT1:（推荐的打印机端口）"，单击"下一步"按钮，如图 2-38 所示。

◆ 在对话框中选择厂商和打印机型号。完成后在如图 2-39 所示对话框中设置打印机名。

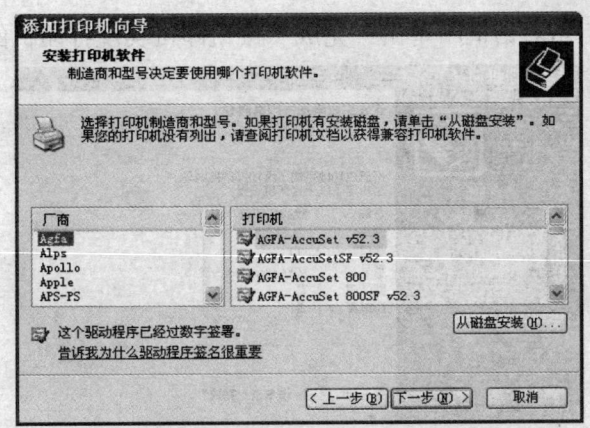

图 2-38　安装打印机软件

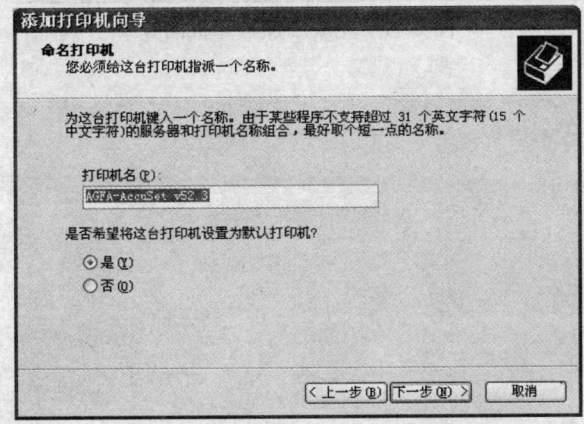

图 2-39　"添加打印机向导"对话框

◆ 输入打印机名,单击"下一步"按钮。

◆ 在图 2-40 对话框中选择"不共享这台打印机"单选按钮,单击"下一步"按钮,设置打印测试页。

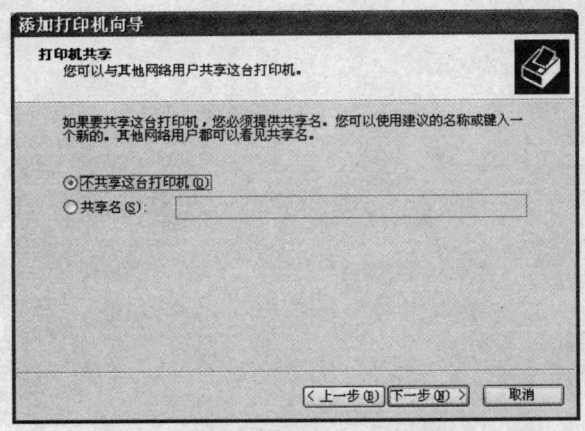

图 2-40　"打印机共享"对话框

◆ 在"要打印测试页吗?"栏下选择"否"单选按钮,单击"下一步"按钮。

· 31 ·

◆ 在图 2-41 所示对话框中单击"完成"按钮即可实现打印机的添加。

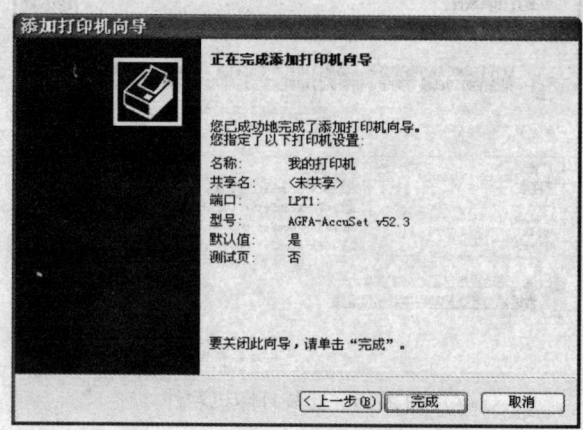

图 2-41 完成添加打印机向导

第3章 Word 文字处理软件

实验一 Word 文档的编辑与排版

【实验目的】

- ➤ 掌握 Word 文档的建立和保存方法。
- ➤ 掌握 Word 文档的基本编辑方法。
- ➤ 掌握文档的字符和段落格式设置。
- ➤ 熟悉项目符号和编号的添加。
- ➤ 掌握边框和底纹的设置。
- ➤ 熟悉 Word 文档的页面设置操作。
- ➤ 了解页眉页脚的制作。

【实验内容】

打开实验用文件中的"公司年度宣传计划.txt"文件,内容如下。将其中的内容复制到新建 Word 文档中,并保存。按下列要求对文档进行排版:

- ◆ 页面设置:设置纸型为 A4,页边距:上、下各为 2.5 厘米,左、右各为 3 厘米。
- ◆ 将标题的格式设置为黑体、小二号字、段前段后各 1 行、单倍行距、居中。
- ◆ 正文内容格式为宋体、小四号、首行缩进 2 个字符、1.5 倍行距。
- ◆ 为正文中的"一、二、三……"标题设置 1 级大纲级别,并添加带阴影的文字边框,边框线宽度为 1 磅。
- ◆ 将"二、宣传工作重点"标题下所包含的内容添加上项目符号,并设置底纹。
- ◆ 将文档中"三、具体措施"下第 2 条中的每一项措施添加带圈数字作为编号。
- ◆ 落款段落设置为"右对齐"。
- ◆ 为文档添加"公司年度宣传计划"作为页眉,居中;页脚处插入页码。
- ◆ 为文档设置打开权限密码。

> 公司年度宣传工作计划
>
> 　　为统一思想，提高员工素质，增强凝聚力，塑造公司良好形象，更好地做好新形势下的企业宣传工作，推动企业文化建设，特制订本计划。
>
> 　　一、指导思想
>
> 　　以邓小平理论和三个代表重要思想为指导，坚持宣传党的路线方针政策，以经济建设为中心，围绕增强企业凝聚力，突出企业精神的培育，把凝聚人心，鼓舞斗志，以公司的发展作为工作的出发点和落脚点，发挥好舆论阵地的作用，促进企业文化建设。
>
> 　　二、宣传重点
>
> 　　公司重大经营决策、发展大计、工作举措、新规定、新政策等
>
> 　　先进事迹、典型报道、工作创新、工作经验
>
> 　　员工思想动态
>
> 　　公司管理上的薄弱环节，存在的问题
>
> 　　企业文化宣传
>
> 　　三、具体措施
>
> 　　1. 端正认识，宣传工作与经济工作并重
>
> 　　宣传工作是教育、激励员工的一种方式，是企业不可缺少的一项工作。"企业要发展、要实现奋斗目标，离不开全体员工的不懈努力，只有进一步加强宣传工作，才能激发起员工的斗志，形成向心力，各项工作才能战无不胜，才能建立起公司特有的企业文化。"因此，要端正认识，把宣传工作作为一件大事来抓好、做好。
>
> 　　2. 强化措施，把宣传工作落到实处。
>
> 　　①通过网站，及时通报各部门业务进展情况。
>
> 　　②每季编辑一期公司简报。
>
> 　　③做好专题宣传活动，定期对阶段性取得的成绩进行总结归纳。
>
> 　　④更新、增添标语牌，标语牌要统一风格，使之体现公司文化特色。
>
> 　　⑤开展评优树先工作，体现人本精神。
>
> 　　⑥加强对外宣传力度，主要是公司形象宣传和产品广告宣传等。
>
> 综合办
2011 年 2 月

【实验要点指导】

1. 创建文件

（1）单击"开始"|"所有程序"|"Microsoft Office"|"Microsoft Office Word 2010"，打开 Word 2010，并创建一个空白文档；

(2)打开实验用文件中的"公司年度宣传计划.txt"文件,使用 Ctrl+A 组合键全选文件中的内容,再用 Ctrl+C 复制选定内容;

(3)在 Word 文档中按下 Ctrl+V 组合键,将复制的内容粘贴到空白文档中;

(4)保存文件。

2．页面设置

(1)选择"页面布局"选项卡,单击"页面设置"选项组的"页边距"下拉按钮,在下拉列表中选择"自定义边距"命令,弹出如图 3-1 所示的"页面设置"对话框;

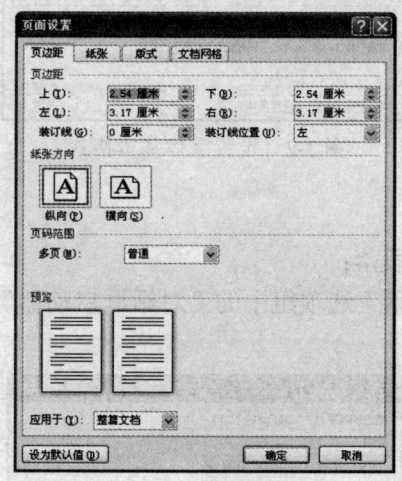

图 3-1 "页边距"选项卡

(2)在"页边距"选项卡中,设置上、下、左、右边距分别为 2.5 厘米、2.5 厘米、3 厘米、3 厘米;

(3)单击"纸张"选项卡,设置文档的纸张的类型为 A4 纸;

(4)单击"确定"按钮。

3．设置字符格式

(1)选定需设置格式的内容;

(2)单击"开始"|"字体"选项组中的对话框启动器 打开"字体"对话框,如图 3-2 所示;

(3)在"字体"选项卡中设置字体和字号;

(4)完成设置后单击"确定"按钮。

图 3-2 设置字体基本格式

4. 设置段落格式

（1）选定要设置缩进的段落；

（2）单击"开始"|"段落"选项组中的"对话框启动器"按钮，弹出如图 3-3 所示的"段落"对话框；

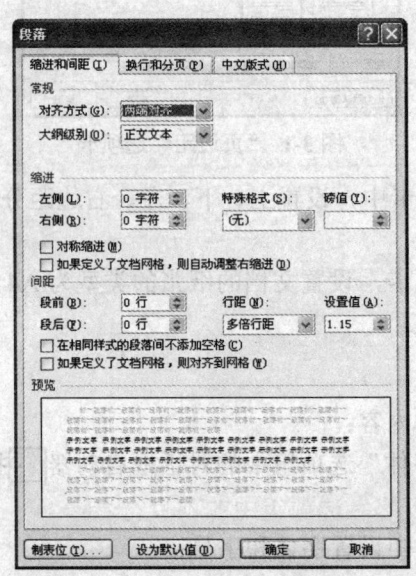

图 3-3 "段落"对话框

（3）在"常规"选项区设置对齐方式和大纲级别；

（4）在"缩进"选项区"特殊格式"列表框中选择是否"首行缩进"及缩进的度量值；

（5）在"间距"选项区设置段前、段后的间距和行距；

（6）完成后单击"确定"按钮。

5．添加边框

（1）选定要添加边框的内容。

（2）选择"开始"|"段落"选项组中的 下拉按钮，单击"边框和底纹"命令，打开"边框和底纹"对话框，如图3-4所示。

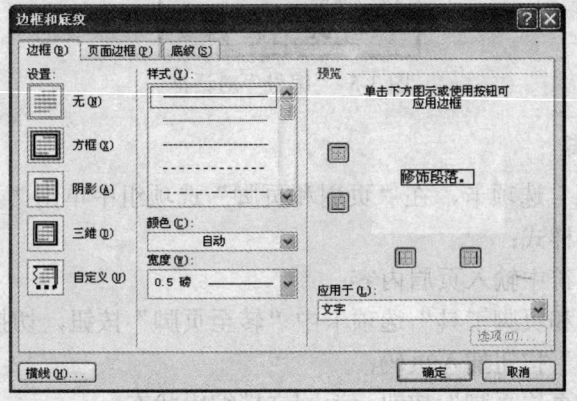

图3-4 "边框和底纹"对话框

（3）在"边框"选项卡中，选择带"阴影"的边框，在"宽度"列表框中选择框线宽度。

（4）选择"应用于"下拉列表中的"文字"。

（5）单击"确定"按钮。

6．添加底纹

（1）选定要添加底纹的段落；

（2）在图3-4所示的"边框和底纹"对话框中单击"底纹"选项卡；

（3）在"填充"下拉列表中选择一种底纹颜色；

（4）选择"应用于"下拉列表中的"段落"；

（5）设置完成后单击"确定"按钮。

7．添加项目符号

（1）选定需要添加项目符号的段落；

（2）单击"开始"|"段落"选项组中的项目符号 下拉按钮，从弹出的菜单中选择一种项目符号完成设置。

8．添加编号

（1）将插入点定位于需插入编号的位置；

（2）单击"插入"|"符号"选项组中的"编号"按钮，弹出如图3-5所示的"编号"对话框；

（3）在文本框中输入编号数字；

（4）在"编号类型"列表框中选择带圈数字类型；

（5）单击"确定"按钮。

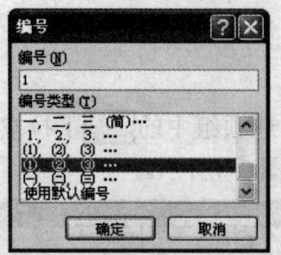

图 3-5 "编号"对话框

9. 添加页眉页脚

（1）选择"插入"选项卡，在"页眉和页脚"选项组中单击"页眉"按钮，从下拉菜单中选择一种页眉样式；

（2）在页眉占位符中输入页眉内容；

（3）单击"页眉和页脚工具"选项卡中"转至页脚"按钮，切换到页脚区；

（4）单击"页码"按钮插入页码；

（5）单击"关闭页眉页脚"按钮，返回文档编辑状态。

10. 设置打开权限密码

（1）单击"文件"选项卡的"信息"命令；

（3）单击"保护文档"按钮，此时将显示如图 3-6 下拉菜单；

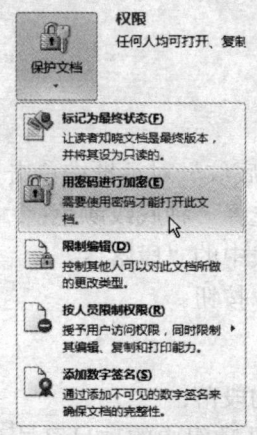

图 3-6　保护文档

（4）选择"用密码进行加密"，在弹出的对话框中输入密码；

（5）保存文档。

文档按要求排版完成后的效果如图 3-7 所示。

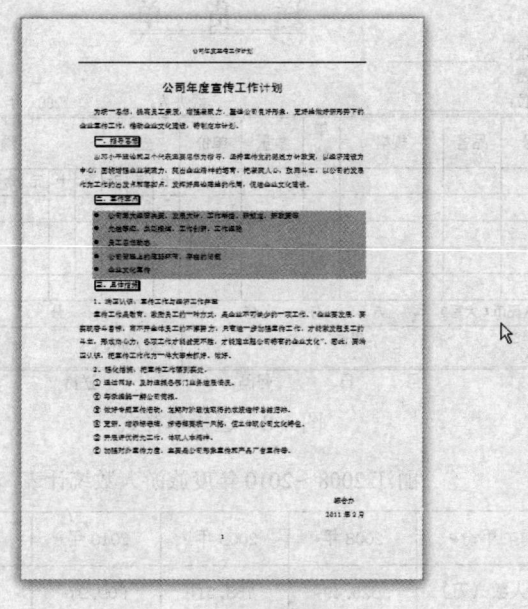

图 3-7 文档排版效果

实验二　表格的制作

【实验目的】

> 掌握 Word 表格的创建方法。
> 掌握 Word 表格的基本编辑。
> 熟悉单元格的合并和拆分。
> 掌握 Word 表格格式设置。
> 能使用内置样式快速美化表格。
> 能使用表格进行简单运算。

【实验内容】

◆ 参照图 3-8 制作一张送货单。
◆ 制作一个如图 3-9 所示表格，指定行高 1 厘米，列宽 2 厘米。具体要求如下：
（1）使用 Word 表格计算功能计算总计值；
（2）在总计的后面添加一列，用于计算 3 年的旅游人数平均值（保留 2 位小数）；
（3）应用一种内置样式快速美化表格。

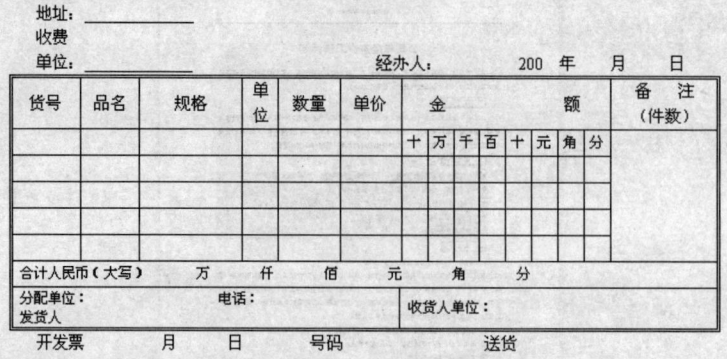

图 3-8 送货单样式

丽江 2008～2010 年度旅游人数统计表

年份	2008 年	2009 年	2010 年	总计
人数（万）	625.49	758.31	909.97	

图 3-9 样表

【实验要点指导】

1．创建文件

单击"开始"|"所有程序"|"Microsoft Office"|"Microsoft Office Word 2010"，打开 Word 2010，并创建一个空白文档。

2．创建新表格

特殊表格的制作可以通过先插入一个规则表格，再对表格进行编辑调整，直至符合用户要求。

（1）将插入点置于文档中要插入表格的位置；

（2）单击"插入"选项卡中的"表格"按钮，在该钮下方出现一个表格模型，如 3-10 所示；

（3）在表格模型中拖动鼠标，选择表格的行数和列数为 8 行 8 列，同时系统会在插入点处显示将要插入的表格；

（4）释放鼠标，表格创建完成。

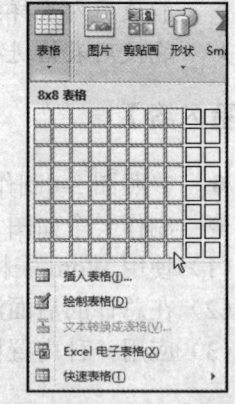

图 3-10 表格模型

3．调整表格的行高列宽

（1）参照图 3-8 中表格的行列位置，将鼠标指针指向欲改变行高的横线上，当鼠标指针变成 ⇳ 形状时，按下鼠标左键上下拖动框线调整行高；

（2）同样的方法将鼠标指针指向欲改变列宽的横线上，当鼠标指针变为 ⇔ 形状时，按下鼠标左键左右拖动框线调整列宽；

（3）如果中间部分行拖动后行高不一致了，可以切换到"表格工具"|"布局"选项卡，单击"单元格大小"选项组中的"分布行"按钮平均分布各行。

4．合并单元格

合并单元格就是将选定的多个单元格合并成一个单元格。具体操作方法是：

（1）选定要合并的单元格；

（2）切换到"表格工具"|"布局"选项卡，单击"合并"选项组中的"合并单元格"按钮即可合并单元格。

到此为止，制作的表格如图3-11所示。

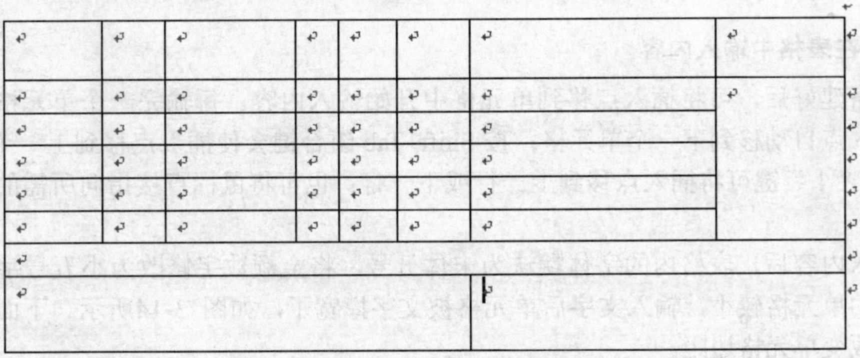

图3-11 合并单元格后的表格

5．拆分单元格

拆分单元格与合并单元格作用正好相反，是把一个单元格拆分成多个小单元格。具体操作方法是：

（1）选定"金额"下方要拆分的5行单元格；

（2）切换到"布局"选项卡，单击"合并"选项组中的"拆分单元格"命令，弹出如图3-12所示的"拆分单元格"对话框；

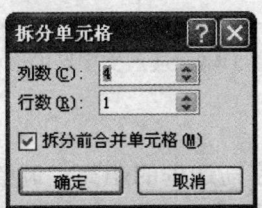

图3-12 "拆分单元格"对话框

（3）在该对话框中输入要拆分的列数与行数，如，5行8列；

（4）单击"确定"按钮。拆分后的效果如图3-13所示。

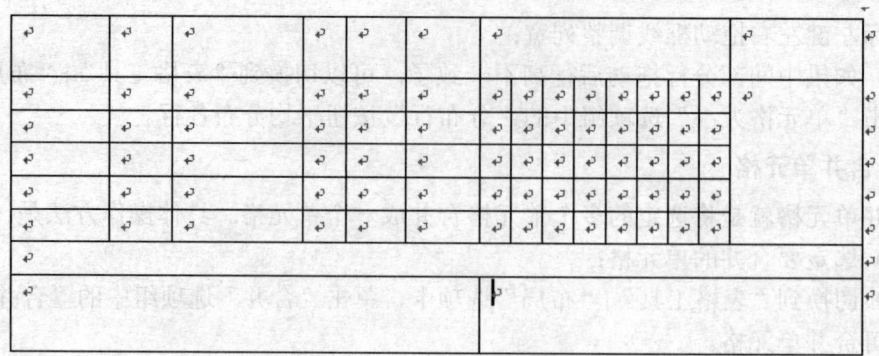

图 3-13 拆分单元格后的表格

6. 在表格中输入内容

表格建好后，可将插入点移到单元格中开始输入内容。每输完一个单元格，按 Tab 键，插入点自动移到下一个单元格；按 Shift+Tab 组合键会使插入点移到上一个单元格，按"↑""↓"键可将插入点移到上一行或下一行；也可将鼠标直接指向所需的单元格后单击。

输入内容后，表格内的字体默认为宋体五号，将金额数字修改为小五号字。由于金额下方的单元格较小，输入文字后单元格被文字撑宽了，如图 3-14 所示。下面要做的操作就是改变单元格边距。

货号	品名	规格	单位	数量	单价	金额									备注（件数）
						十	万	千	百	十	元	角	分		
合计人民币（大写）				万		仟		佰		元		角		分	
分配单位： 发货人			电话：					收货人单位：							

图 3-14 录入文字后的表格

7. 单元格边距调整

单元格边距是单元格内的文字与边框的距离，调整方法如下：

（1）将插入点置于表格中；

（2）切换到"表格工具"|"布局"选项卡，单击"对齐方式"选项区中的"单元格边距"按钮，弹出如图 3-15 所示的"表格选项"对话框；

（3）将"默认单元格边距"选项区中的左右边距都设置为 0；

（4）选中"自动重调尺寸以适应内容"选项；

（5）单击"确定"按钮。

完成设置后表格中的宽度将自动调整与内部的文字相适应，如图 3-16 所示。

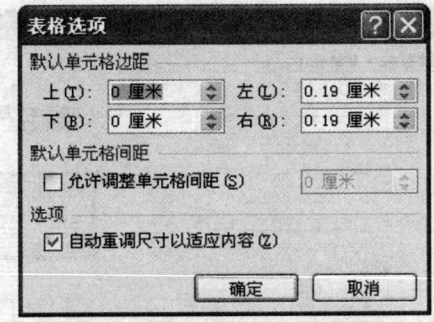

图 3-15 “表格选项”对话框

货号	品名	规格	单位	数量	单价	金额								备　注（件数）
						十	万	千	百	十	元	角	分	
合计人民币（大写）　万　仟　佰　元　角　分														
分配单位：　电话：						收货人单位：								
发货人														

图 3-16 调整边距后的表格

8．单元格对齐方式

表格内的单元格中的文本默认使用了两端对齐方式。下面调整单元格对齐若需要调整的对齐方式，可以按以下步骤操作：

（1）选定表格；

（2）单击“表格工具”|“布局”|“对齐方式”选项组中的“水平居中”对齐方式；

（3）将表格最后两行单元格对齐方式设置为“中部两端对齐”。

9．设置边框线

下面为表格添加线形为双线条的外边框，操作步骤如下：

（1）选定表格；

（2）切换到“表格工具”|“设计”选项卡，单击“表格样式”选项组中的“边框”按钮，在下拉菜单中单击“边框和底纹”，打开如图 3-17所示的“边框和底纹”对话框；

（3）在“边框”选项卡中的“设置”区单击“自定义”选项；

（4）在“样式”列表框中选择双线条；

（5）用鼠标单击“预览”区图示中的外框线，使预览效果为外框线双线条，内框线细线条的样式；

（6）在“应用于”选项区中选择将以上设置应用于“表格”；

（7）单击“确定”按钮。

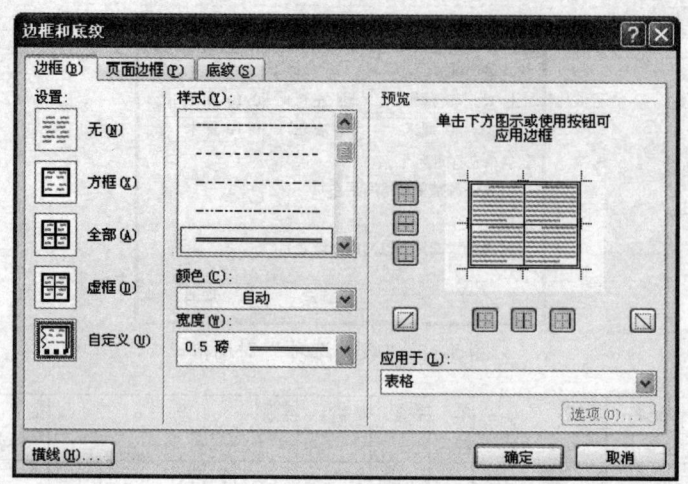

图 3-17 "边框和底纹"对话框

10. 制作表头

如果表格的前面没有留表头的位置,则将插入点置于表格第一个单元格的最前方,按下 Enter 键。

表头文字可以用下面步骤制作:

(1)定位插入点,输入"送货单"三个字,中间以空格为间隔;

(2)选定刚才输入的内容;

(3)单击"开始"|"字体"选项组中的对话框启动器 打开"字体"对话框;

(4)在"字体"选项卡中设置字体和字号,"所有文字"选项区设置下划线形,如图3-18所示;

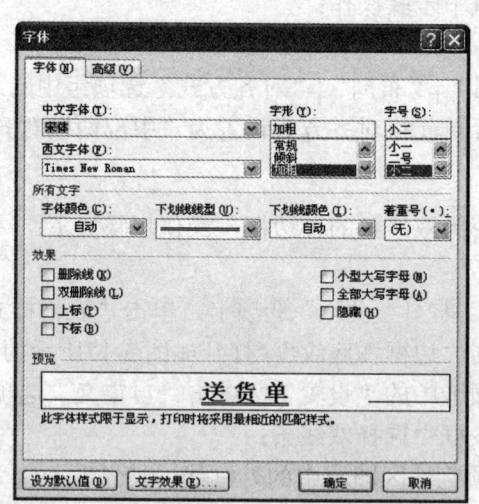

图 3-18 "字体"对话框

(5)完成设置后单击"确定"按钮。

"地址"后面的线条也可以用同样的方法,先输入空格,再为空格设置下划线。

11. 使用对话框插入表格

（1）将光标置于要创建表格的位置；

（2）单击"插入"选项卡中的"表格"按钮，在下拉菜单中选择"插入表格"命令，弹出如图 3-19 所示的对话框；

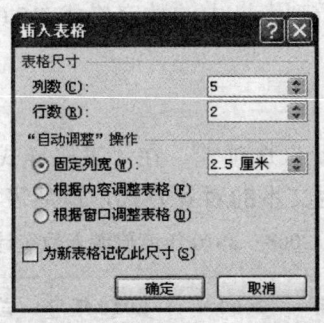

图 3-19 "插入表格"对话框

（3）在"表格尺寸"选项区中分别设置为 5 列 2 行；

（4）在"自动调整"操作选项组中选择"固定列宽"并设置列宽为 2 厘米；

（5）单击"确定"按钮。

12. 设置表格行高

（1）选定表格；

（2）切换到"表格工具"|"布局"选项卡，在"单元格大小"选项组中设置高度为 1 厘米；

13. 求和计算

（1）将插入点定位于放置总计值的单元格中；

（2）单击"数据"选项组中的"公式"按钮，弹出如图 3-20 所示的"公式"对话框；

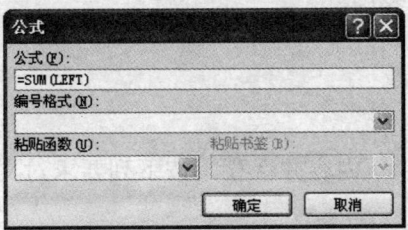

图 3-20 "公式"对话框

（3）单击"确定"按钮。

14. 添加列

将插入点置于"总计"单元格中，单击"表格工具"|"布局"选项卡"行和列"选项组中的"在右侧插入"按钮，在表格右侧添加一个新列并输入字段名"平均值"。

15. 求平均值

（1）将插入点定位于放置平均值的单元格中；

(2) 单击"数据"选项组中的"公式"按钮,弹出如图 3-20 所示的"公式"对话框;
(3) 保留"公式"文本框中的"=",删除原有公式;
(4) 单击选择"粘贴函数"下拉列表框中的函数"AVERAGE";
(5) 将"公式"文本框中的公式修改为"=AVERAGE(b2,c2,d2)"或"=AVERAGE(b2:d2)";
(6) 单击"编号格式"下拉列表框中的数字格式"0.00";
(7) 单击"确定"按钮。

16. 应用表格样式

切换到"表格工具"|"设计"选项卡,在"表格样式"选项组的列表框中单击一种样式,再简单调整表格及表格内文本的对齐方式,最后表格的制作效果如图 3-21 所示。

丽江 2008~2010 年度旅游人数统计表

年份	2008 年	2009 年	2010 年	总计	平均值
人数(万)	625.49	758.31	909.97	2293.77	764.59

图 3-21 表格最后效果图

实验三 图 文 混 排

【实验目的】

- ➢ 掌握 Word 自选图形的使用。
- ➢ 熟悉分栏操作。
- ➢ 熟悉首字下沉操作。
- ➢ 掌握图片的插入和美化。
- ➢ 掌握文本框的使用。

【实验内容】

创建 Word 文档,输入以下内容并保存。按下列要求对文档进行排版:

忽如一夜春风来，千树万树梨花开。一场春雪的突然降临，把丽江装点成了一座美丽的童话世界。

在丽江，雪是最难捉摸的，就像一个调皮的精灵，从来不听从人们的摆布或是为人们所预知。虽然玉龙雪山的冰川历历在目，但对于古城来说，雪仍然是一个难以请到的贵客。在你攒足了心情，期待着她的光临时，她却躲到不知什么地方去了，而当你以为她忘记了丽江，收好了所有的冬衣，以为来年才可见到她的芳容时，雪却又踮着脚尖轻轻来到你的面前，给你一个措手不及的惊喜。

丽江下雪的前奏往往是连绵阴雨，然后是雨夹雪，接下来才是纷纷扬扬的雪花。丽江下雪，不会使人联想到冷酷，也不会使人感觉到严寒，丽江的雪只会使人感到美妙无比。雪花忽悠忽悠地飘落，沾在你的手上，你的脸上，像宠物的唇吻你，冰凉中透着一丝柔情。

不知道为什么，一下雪，人们就会往古城跑。确实，古城赏雪别具风味。这只能有一个解释，因为下雪是地球上最古老的自然现象，只有在相对古老的街巷，人们才能感觉到雪的美丽和真实吧。雪景中，古老的街巷都呈现出别样的景色，与阳光下的不同，与灯光下的也不同。人们都在尽情地享受着这难得的美景，享受着这罕见的情致。

丽江古城春雪我们总有一天会聚集在你身边！

◆ 在标题处插入一个自选图形，将"丽江春雪"作为标题放置在自选图形内。将标题文字格式设置为隶书、一号、居中；自选图形设置为嵌入型，自行美化，居中放置；

◆ 设置正文格式为宋体、五号、首行缩进 2 字符、1.5 倍行距；

◆ 除标题和最后一个段落外，其余内容分成等宽两栏；

◆ 在正文第一段落设置首字下沉效果，下沉字体为隶书，下沉 2 行；

◆ 在文档中插入一张版式为"四周型环绕"的丽江雪景图片，自行对图片进行修饰，使之更美观，符合文档使用要求；

◆ 为文档最后一句话添加一个文本框，并美化文本框。

【实验要点指导】

1. 创建文件

（1）单击"开始"|"所有程序"|"Microsoft Office"|"Microsoft Office Word 2010"，打开 Word 2010，并创建一个空白文档；

（2）录入文档内容；

（3）保存文件。

2. 添加自选图形

（1）切换到"插入"选项卡，在"插图"选项区单击"形状"，在弹出的如图 3-22 所示的菜单中选择"星与旗帜"中的"横卷形"，在文档中按住鼠标左键并拖动到图形结束位置，再释放鼠标；

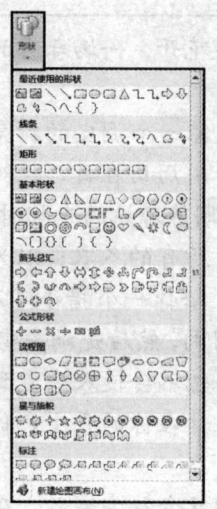

图 3-22　插入形状

（2）在自选图形上点右键，在快捷菜单中选择"添加文字"；
（3）在图形内部的插入点处输入"丽江春雪"；
（4）选定"丽江春雪"，切换到"开始"选项卡，利用"字体"和"段落"选项区中的按钮将字体设置为隶书、一号，将段落格式设置为居中；
（5）选定自选图形，切换到"绘图工具"|"格式"选项卡，单击"形状样式"选项区列表框右下方的 按钮，在展开的列表中单击"细微效果——蓝色"应用到自选图形中；
（6）拖动自选图形的大小和形状控制点，调整图形的大小和形状；
（7）单击"排列"选项区中的"自动换行"按钮，在下拉列表中选择"嵌入型"；
（8）将插入点定位到自选图形右下方的换行符前，设置段落格式为居中。
设置好的自选图形外观样式如图 3-23 所示。

图 3-23　制作完成的自选图形

3．分栏

（1）选定要分栏显示的正文；
（2）单击"页面布局"|"页面设置"选项组中的分栏下拉按钮，单击"两栏"，如图 3-24 所示。

4．首字下沉

（1）将插入点定位于正文第一个段落中；
（2）切换到"插入"选项卡，在"文本"选项组中单击"首字下沉"命令右侧的下

拉按钮,在弹出的菜单中单击"首字下沉选项"命令,弹出"首字下沉"对话框;

(3)在"首字下沉"对话框中设置下沉样式,下沉的字体为隶书,下沉 2 行,如图 3-25 所示;

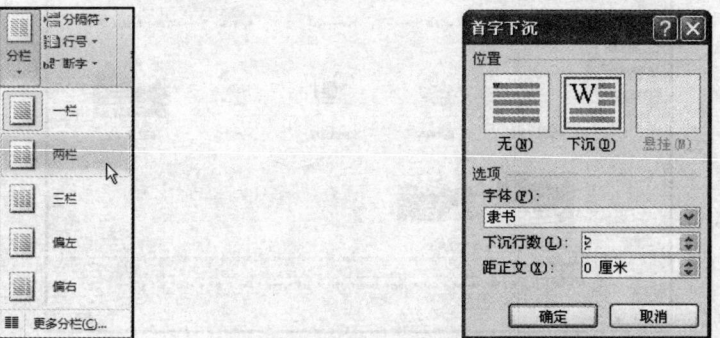

图 3-24　分栏　　　　图 3-25　"首字下沉"对话框

(4)单击"确定"按钮。

5. 插入图片

预先准备一张与"丽江雪景"内容相符的图片文件。按下面步骤进行操作:

(1)将光标定位到文档中;

(2)切换到"插入"选项卡,在"插图"选项组中单击"图片"按钮,打开"插入图片"对话框,如图 3-26 所示;

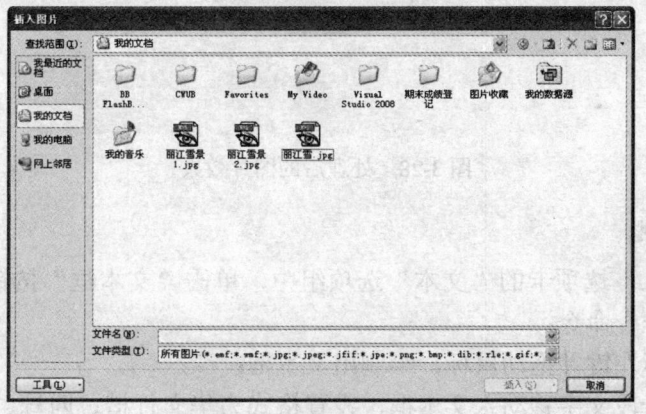

图 3-26　"插入图片"对话框

(3)单击对话框右上方的"视图"下拉按钮,单击"缩略图"命令,在对话框中查看图片,如图 3-27 所示;

(4)选定需要的图片文件,单击"插入"按钮插入图片;

(5)选定图片,在"图片工具"|"格式"选项卡中单击"排列"选项区中的"自动换行"按钮,在下拉列表中选择"四周型环绕";

(6)在"图片样式"选项组中的列表框中选择"棱台型椭圆,黑色"作为图片的艺术效果;

(7)单击"图片边框"按钮,通过下拉菜单中的选项将图片边框设置为 2.25 磅,蓝色；

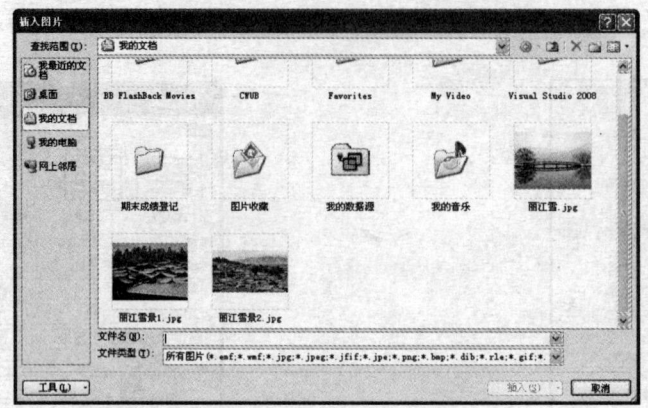

图 3-27 以"缩略图"方式查看文件

（8）调整图片的大小和位置；完成设置后的图片效果如图 3-28 所示。

图 3-28 处理后的图片效果

6．插入文本框

（1）在"插入"选项卡的"文本"选项组中，单击"文本框"按钮，从下拉菜单中选择"绘制文本框"命令；
（2）按住鼠标左键并拖动鼠标，绘制出文本框；
（3）将最后一段文字移动入文本框，设置格式为华文行楷、四号、居中；
（4）在"绘图工具"|"格式"选项卡中单击"形状样式"选项区列表框右下方的按钮，在展开的列表中单击"其他主题填充"命令，选择子菜单中的"样式9"应用到文本框中；
（5）单击"形状效果"按钮，在下拉菜单中选择"棱台"|"草皮"效果；
（6）调整文本框的大小和位置。

全文设置完成后的效果，如图 3-29 所示。

图 3-29 文档排版后的效果

实验四 毕业论文排版

【实验目的】

> ➢ 掌握页面设置方法。
> ➢ 掌握样式的建立和应用。
> ➢ 掌握分节设置。
> ➢ 掌握目录的制作。
> ➢ 掌握奇偶页不同页眉的制作。
> ➢ 掌握页码不同格式制作。

【实验内容】

一份完整的毕业论文包括封面、摘要和关键字、目录、正文、参考文献等主要组成部分，有的论文还包含了注释、附录、致谢。由于毕业论文的篇幅较长，包含的样式较多，论文的排版是一个很繁琐的事。下面对本实验中毕业论文主要部分的排版要求规定如下：

◆ 页面设置：设置纸型为 A4，页边距：上、下各为 3.5 厘米，左、右各为 3 厘米，页眉和页脚距边界的位置为 2.7 厘米。

◆ 目录单独一页，目录内容由 Word 自动提取。

◆ 正文各章单独起页，其内容格式要求为：

（1）一级标题：　　第 1 章　黑体小三，段前段后间距 30 磅，居中；

（2）二级标题：　　2.1　　黑体四号，段前段后间距 18 磅；

（3）三级标题： 2.1.1 黑体四号，段前段后间距12磅；
（4）正文： 中文宋体，英文罗马字体，小四，20磅的行间距。

◆ 参考文献格式："参考文献"几个字与一级标题格式相同，内容五号宋体、单倍行距。

◆ 页眉格式要求：

（1）每一部分内容的奇数页页眉为本部分标题。如目录页眉使用"目录"，第1章的页眉是第1章的标题；
（2）每一部分内容偶数页页眉是"毕业论文"；
（3）页眉字体采用宋体五号字，居中书写，页眉线为单横线。

◆ 页码格式要求：

（1）目录用罗马数字连续编排；
（2）正文从第一章开始按阿拉伯数字连续编排；
（3）页码位于页面底端，居中书写。

【实验要点指导】

1．页面设置

（1）打开预先准备好的毕业论文文档；
（2）选择"页面布局"选项卡，单击"页面设置"选项组的对话框启动器，弹出如图3-30所示的"页面设置"对话框。

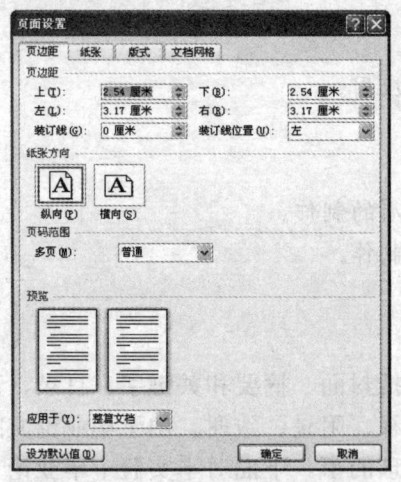

图3-30 "页面设置"对话框

（3）在"页边距"选项卡中，设置上、下边距为3.5厘米，左、右边距为3厘米；
（4）单击"纸张"选项卡，选择文档的纸张类型为A4纸；
（5）单击"版式"选项卡，设置页眉和页脚与边界的距离为2.7厘米；
（6）在"文档网格"选项卡中选择"无网格"；
（7）每一个选项卡中的"应用于"选项都设置为"整篇文档"；
（8）设置完成后单击"确定"按钮。

2. 建立各类对象样式

各类段落样式可以自己创建，也可以使用 Word 的内置样式进行修改，这里主要是创建自己的新样式。操作步骤如下：

（1）切换到"开始"选项卡，单击"样式"选项组中的对话框启动器，打开"样式和格式"任务窗格；

（2）单击"样式"任务窗格下文的"新建样式"按钮，弹出"根据格式设置创建新样式"对话框；

（3）在"名称"框中输入正文样式的名称"毕业论文正文样式"；

（4）选择"样式类型"为"段落"；

（5）设置"样式基准"于"正文"；

（6）选择"后续段落样式"为"毕业论文正文样式"，如图 3-31 所示；

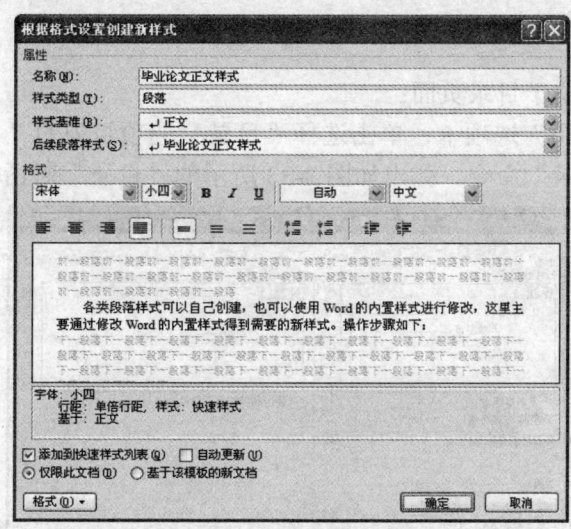

图 3-31 "根据格式设置创建新样式"对话框

（7）单击"格式"按钮，按要求设置正文的字体与段落格式；

（8）设置完成后单击"确定"按钮。

同样的方法添加剂其他的样式。特别注意在设置标题样式时，必须设置每级标题对应的大纲级别。全部样式设置完成后的"样式"窗格如图 3-32 所示。

3. 应用样式

应用样式时，由于正文内容最多，应该先应用正文样式，再应用标题样式。具体操作步骤为：

（1）按 Ctrl+A 组合键选定全文，单击"样式"窗格中的"毕业论文正文样式"，将正文样式应用到文档中；

（2）依次选定各个标题，同样的方法将标题样式也应用到文档标题中。

应用了标题和正文样式后，可以通过"导航"窗格查看标题，或通过"大纲"视图查看标题的级别是否使用正确。

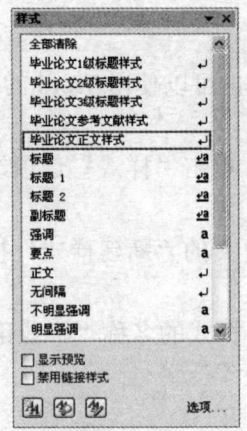

图 3-32 设置好样式后的"样式"窗格

4．提取目录

（1）将插入点定位于目录页面；

（2）切换到"引用"选项卡，单击选择"目录"选项组中的"目录"按钮，在下拉菜单中单击"插入目录"命令，弹出如图 3-33 所示的"目录"对话框；

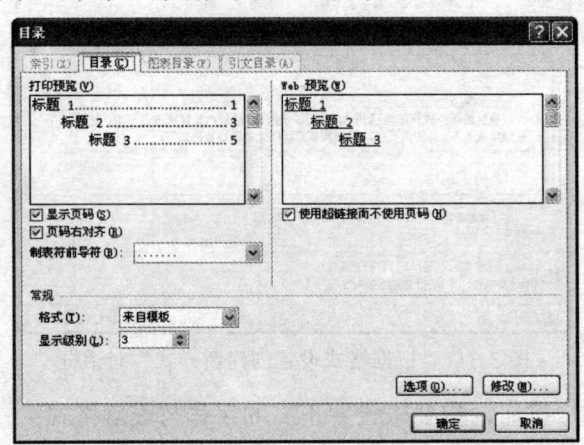

图 3-33 "目录"对话框

（3）在"格式"下拉列表框中选择一种目录样式；

（4）在"显示级别"框中选择目录中需要显示的标题层次；

（5）完成设置后单击"确定"按钮。

注意：在对文档进行编辑修改后，要记住更新目录。

5．添加页眉

（1）将插入点定位于目录页面中；

（2）单击"插入"选项卡"页眉和页脚"选项区的"页眉"下拉按钮，在下拉列表框中选择"空白"页眉样式；

（3）切换到"页眉页脚工具"|"设计"选项卡，单击选中"选项"组中的"奇偶页不同"；

(4)在目录第 1 页的页眉占位符中输入"目录"二字,偶数页输入"毕业论文"并按要求设置好格式;

(5)将插入点定位于第一章奇数页页眉中,单击"导航"选项组中的"链接到前一条页眉"按钮,使之不再为高亮状态,用以切断节与节的奇数页之间的链接;

(6)将该页页眉内容修改为第一章的标题;

(7)在每一章的第一个奇数页中输入章标题作为页眉。同样,编辑页眉之前单击"链接到前一条页眉"按钮,使之不是呈现高亮状态。

(8)检查页眉是否添加正确。

6. 添加页码

(1)将插入点定位于目录页的页脚处;

(2)单击"页眉页脚工具"|"设计"|"页眉和页脚"选项区的"页码"下拉按钮,在下拉列表框中选择"普通数字 2"页码样式,在文档中插入页码;

(3)选定目录中的页码,在"页眉和页脚"选项组中单击"页码"按钮,在下拉菜单中选择"设置页码格式"命令,弹出如图 3-34 所示的"页码格式"对话框;

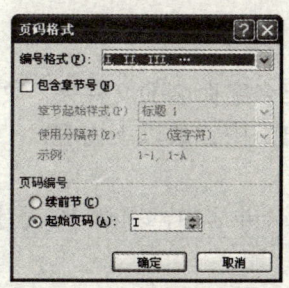

图 3-34 "页码格式"对话框

(4)在"编号格式"下拉列表中选择罗马数字"Ⅰ,Ⅱ,Ⅲ…";

(5)在"页码编号"选项区设置"起始页码"为1;

(6)单击"确定"按钮;

(7)在目录的偶数页中插入页码;

(8)同样的方法将第 1 章的页码格式设置为以阿拉伯数字 1 作为起始页码,完成文档页码设置;

(9)检查各个部分的页码设置是否正确。

第4章 Excel 2010 电子表格

实验一 工作表的编辑

【实验目的】

- ➢ 掌握各种类型数据的录入
- ➢ 熟悉工作的编辑
- ➢ 会对工作表进行格式设置
- ➢ 掌握管理工作表的方法
- ➢ 掌握工作表的页面设置与打印预览

【实验内容】

在 E 盘中，建立一个以自己名字命名的文件夹。文件夹内再建一个名为"学生成绩表"的 Excel 工作簿，在"sheet1"中完成以下内容：

- ◆ 录入工作表内容。
- ◆ 字符格式化：设置标题合并居中，黑体 18 号字，其他数据为宋体 12 号，"学号"行加粗，所有数据居中对齐。
- ◆ 编辑工作表：插入行、删除列。
- ◆ 格式化工作表：设置行高为 15，设置最适合的列宽，设置外粗内细的表格线，将标题填充为橄榄色，设置自动套用表格格式。
- ◆ 管理工作表：复制、命名和删除工作表。
- ◆ 页面设置：设置纸张大小为 A4，上下左右边距为 2 厘米，页面居中。

【实验要点指导】

1. 创建文件

（1）单击"开始"|"程序"|"Microsoft Office"|"Microsoft Office Excel 2010"，打开 Excel 2010，并创建一个新的工作簿；

（2）打开"文件"选项卡，选择"保存"命令，在打开的"另存为"对话框中选择保存位置、输入保存的文件名、选择保存类型为 Excel 工作簿，最后单击"保存"按钮保存工作簿。

2. 录入工作表内容

录入工作表内容如图 4-1 所示。

（1）在 A1～H1 单元格中输入"学号、姓名、性别、计算机导论、程序设计、大学英语、高等数学、总分"；

（2）选中 A2 单元格，输入"'100201001"，然后使用填充柄填充其他学号；

（3）录入其他内容，结果如图 4-1 所示。

	A	B	C	D	E	F	G	H
1	学号	姓名	性别	计算机导论	程序设计	大学英语	高等数学	总分
2	100201001	杨妙琴	女	91	98	96	65	
3	100201002	周凤连	女	85	83	96	42	
4	100201003	白庆辉	男	70	91	94	71	
5	100201004	张小静	女	73	99	93	99	
6	100201005	郑敏	女	80	80	92	88	
7	100201006	文丽芬	女	82	79	91	69	
8	100201007	赵文静	女	84	46	82	65	
9	100201008	甘晓聪	男	98	56	81	53	
10	100201009	廖宇健	男	83	56	78	74	
11	100201010	曾美玲	女	91	98	76	67	
12	100201011	王艳平	女	99	83	75	98	
13	100201012	刘显森	男	80	91	74	86	
14	100201013	黄小惠	女	79	81	72	98	
15	100201014	黄斯华	女	61	78	71	83	
16	100201015	李平安	男	54	76	70	91	
17	100201016	彭秉鸿	男	66	71	70	99	
18	100201017	林巧花	女	92	71	68	80	
19	100201018	吴文静	女	82	86	65	79	
20	100201019	何军	男	60	81	61	77	
21	100201020	赵宝玉	男	52	47	60	96	
22	100201021	郑淑贤	女	65	77	55	88	
23	100201022	孙娜	女	82	87	49	54	
24	100201023	曾丝华	女	83	74	47	70	
25	100201024	罗远方	女	69	75	46	35	

图 4-1 录入数据

3．编辑工作表

（1）插入行：在行号"1"上按右键，在弹出的快捷菜单中选择"插入"，Excel 在选中的第一行的上方插入一个新行；

（2）在插入的新行中，选择 A1 单元格，输入标题内容"2010～2011 学年上期期末成绩表"；

（3）删除列：在列标"H"上右击，在弹出的快捷菜单中选择"删除"，删除"总分"列。

4．设置字符格式

（1）选定 A1～G1 单元格；

（2）单击"开始"选项卡中"对齐方式"选项组中的"合并后居中"按钮，将标题合并居中；

（3）在"字体"选项组中设置标题为黑体、18 号字号；

（4）设置其他数据为宋体 12 号，"学号"行加粗；

（5）选定 A2～G26 单元格，单击"开始"选项卡中"对齐方式"选项组中的"居中"按钮，将数据水平居中，结果如图 4-2 所示。

	A	B	C	D	E	F	G
1	2010—2011学年上期期末成绩表						
2	学号	姓名	性别	计算机导论	程序设计	大学英语	高等数学
3	00201001	杨妙琴	女	91	98	96	65
4	00201002	周凤连	女	85	83	96	42
5	00201003	白庆辉	男	70	91	94	71
6	00201004	张小静	女	73	99	93	99
7	00201005	郑敏	女	80	80	92	88
8	00201006	文丽芬	女	82	79	91	69
9	00201007	赵文静	女	84	46	82	65
10	00201008	甘晓聪	男	98	56	81	53
11	00201009	廖宇健	男	83	56	78	74
12	00201010	曾美玲	女	91	98	76	67
13	00201011	王艳平	女	99	83	75	98
14	00201012	刘显森	男	80	91	74	86
15	00201013	黄小惠	女	79	81	72	98
16	00201014	黄斯华	女	61	78	71	83
17	00201015	李平安	男	54	76	70	91
18	00201016	彭秉鸿	男	66	71	70	99
19	00201017	林巧花	女	92	71	68	80
20	00201018	吴文静	女	82	86	65	79
21	00201019	何军	男	60	81	61	77
22	00201020	赵宝玉	男	52	47	60	96
23	00201021	郑淑贤	女	65	77	55	88
24	00201022	孙娜	女	82	87	49	54
25	00201023	曾丝华	女	83	74	47	70
26	00201024	罗远方	女	69	75	46	35

图 4-2　设置数据格式

5．设置工作表格式

（1）设置行高：选定第 2 至第 26 行，然后右击，在弹出的快捷菜单中选定"行高"命令，输入"15"，设置行高为 15；

（2）设置最适合的列宽：选定 A 至 G 列，单击"开始"选项卡上"单元格"选项组中的"格式"按钮，弹出如图 4-3 所示的"单元格大小"下拉菜单，选择"自动调整列宽"以获得最适合的列宽；

（3）设置内外表格线：选中 A1 至 G26 单元格，单击"开始"选项卡上"字体"选项组中的"边框"按钮，分别设置内框线为细线、外框线为粗线；

（4）设置标题单元格下框线为双线：选中 A1 单元格，单击"开始"选项卡上"字体"选项组中的"边框"下拉按钮，在打开的"边框"下拉列表中，选择"线型"中的"双线"，然后用绘制线条工具绘制该框线；

（5）设置填充效果：选中标题，单击"开始"选项卡上"字体"选项组中的"填充颜色"下拉按钮，选择填充"橄榄色"。

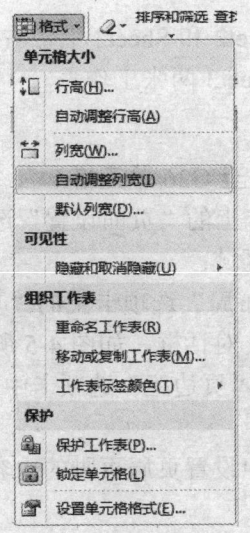

图 4-3 自动调整列宽

6. 管理工作表

（1）复制工作表：按住 Ctrl 键，拖动 Sheet1 到 Sheet2 上，系统复制出一张新的工作表，并自动命名为 Sheet1（2）；

（2）命名工作表：双击 Sheet1，输入工作表名称"成绩表"，右击 Sheet1（2），选择"重命名"，输入新名"套用格式"；

（3）自动套用格式：选中"套用格式"工作表的 A2 至 G26 单元格，选择"开始"选项卡上"样式"选项组中的"套用表格格式"下拉按钮，选择自动套用的表格样式，如图 4-4 所示；

	A	B	C	D	E	F	G
1	2010—2011学年上期期末成绩表						
2	学号	姓名	性别	计算机导论	程序设计	大学英语	高等数学
3	100201001	杨妙琴	女	91	98	96	65
4	100201002	周凤连	女	85	83	96	42
5	100201003	白庆辉	男	70	91	94	71
6	100201004	张小静	女	73	99	93	99
7	100201005	郑敏	女	80	80	92	88
8	100201006	文丽芬	女	82	79	91	69
9	100201007	赵文静	女	84	46	82	65
10	100201008	甘晓聪	女	98	56	81	53
11	100201009	廖宇健	男	83	56	78	74
12	100201010	曾美玲	女	91	98	76	67
13	100201011	王艳平	女	99	83	75	98
14	100201012	刘显淼	男	80	91	74	86
15	100201013	黄小惠	女	79	81	72	98
16	100201014	黄斯华	女	61	78	71	83
17	100201015	李平安	男	54	76	70	91
18	100201016	彭秉鸿	男	66	71	70	99
19	100201017	林巧花	女	92	71	68	80
20	100201018	吴文静	女	82	86	65	79
21	100201019	何军	男	60	81	61	77
22	100201020	赵宝玉	男	52	47	60	96
23	100201021	郑淑贤	女	65	77	55	88
24	100201022	孙娜	女	82	87	49	54
25	100201023	曾丝华	女	83	74	47	70
26	100201024	罗远方	女	69	75	46	35

图 4-4 自动套用格式

（4）删除工作表：分别在 Sheet2 和 Sheet3 上按右键，在弹出的快捷菜单中选择"删除"命令，分别删除 Sheet2 和 Sheet3 两张工作表。

7. 打印设置

（1）设置打印区域：选定 A1 至 G26 单元格；

（2）单击"页面布局"选项卡上的"页面设置"选项组中的"打印区域"下拉按钮，从弹出的菜单中选择"设置打印区域；

（3）页面设置：单击"页面布局"选项卡上的"页面设置"选项组中右下角的"页面设置"按钮，弹出"页面设置"对话框，如图 4-5 所示；

（4）设置纸张大小为 A4，在"页边距"选项卡中设置页边距均为 2cm，勾选水平居中方式；

（5）在"页眉页脚"选项卡中设置页眉页脚的内容；

（6）预览打印效果。

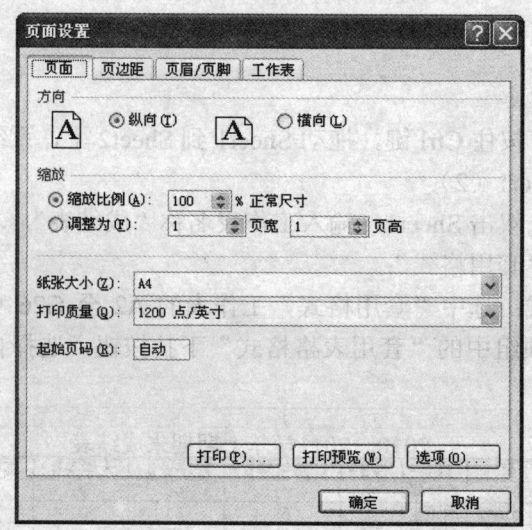

图 4-5 "页面设置"对话框

实验二 公式和函数的使用

【实验目的】

> 掌握公式的应用
> 理解常用函数的功能，掌握常用函数的使用方法
> 理解单元格的引用，会在公式或函数中引用单元格

【实验内容】

在 E 盘中，打开在实验一中已经建立的"学生成绩表"Excel 工作簿，然后完成以下

实验内容：
- ◆ 计算学生四科成绩的总分。
- ◆ 根据学生的总分，排出名次。
- ◆ 计算各科参加考试的人数。
- ◆ 计算各科的最高分、最低分。
- ◆ 计算各科的平均分，平均分保留一位小数。
- ◆ 计算各科85～100分的人数、60～84分的人数、60分以下的人数。
- ◆ 制作一张新表，对学生的各科成绩填写"合格"或"不合格"。

【实验要点指导】

1．打开文件

（1）单击"开始"｜"程序"｜"Microsoft Office"｜"Microsoft Office Excel 2010"，启动Excel 2010；

（2）单击"文件"选项卡，选择"打开"命令，打开在实验一中已经建立的"学生成绩表"Excel工作簿。

2．计算总分和名次

（1）复制"成绩表"工作表，并将复制的新表命名为"总分和名次"；

（2）在H2、I2单元格中输入"总分、名次"；

（3）计算总分：选中D3：H26单元格，单击"开始"选项卡中"编辑"选项组中的"求和"按钮，计算出每位同学四科的总分；

（4）计算名次：选中I3单元格，单击"公式"选项卡中"函数库"选项组中的"插入函数"按钮，打开"插入函数"对话框，结果如图4-6所示；

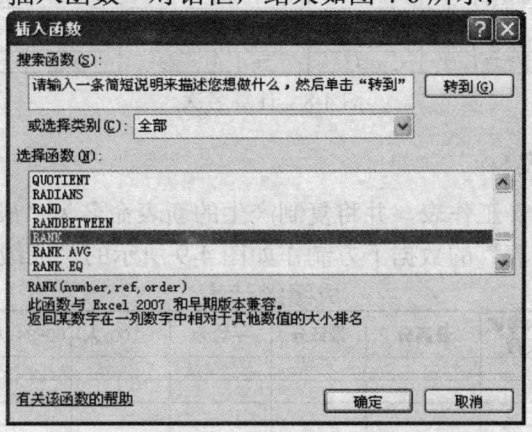

图4-6　插入函数对话框

（5）选择"RANK"函数，打开"函数参数"对话框，如图4-7所示；

（6）设置函数参数：选中Number文本框，单击H3单元格；选中Ref文本框，输入"H$3:H$26"，单击"确定"按钮完成设置；

（7）选中I3单元格，填充至I26，完成名次的计算，如图4-8所示。

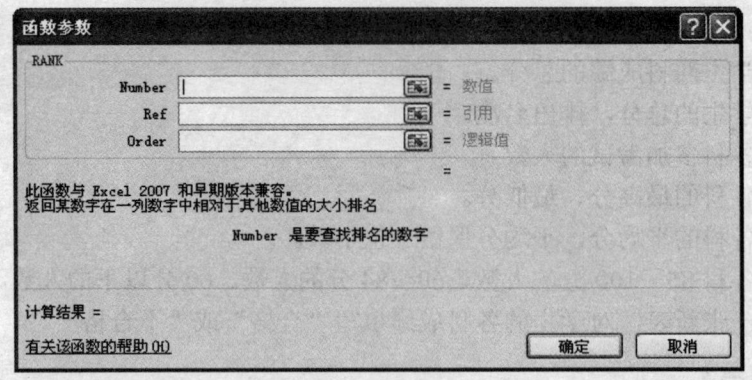

图 4-7 函数参数对话框

	A	B	C	D	E	F	G	H	I
1	2010—2011学年上期期末成绩表								
2	学号	姓名	性别	计算机导论	程序设计	大学英语	高等数学	总分	名次
3	100201001	杨妙琴	女	91	98	96	65	350	3
4	100201002	周凤连	女	85	83	96	42	306	12
5	100201003	白庆辉	男	70	91	94	71	326	8
6	100201004	张小静	女	73	99	93	99	364	1
7	100201005	郑敏	女	80	80	92	88	340	4
8	100201006	文丽芬	女	82	79	91	69	321	9
9	100201007	赵文静	女	84	46	82	65	277	20
10	100201008	甘晓聪	男	98	56	81	53	288	17
11	100201009	廖宇健	男	83	56	78	74	291	15
12	100201010	曾美玲	女	91	98	76	67	332	5
13	100201011	王艳平	女	99	83	75	98	355	2
14	100201012	刘显淼	男	80	91	74	86	331	6
15	100201013	黄小惠	女	79	81	72	98	330	7
16	100201014	黄斯华	女	61	78	71	83	293	14
17	100201015	李平安	男	54	76	70	91	291	15
18	100201016	彭秉鸿	男	66	71	70	99	306	12
19	100201017	林巧花	女	92	71	68	80	311	11
20	100201018	吴文静	女	82	86	65	79	312	10
21	100201019	何军	男	60	81	61	77	279	19
22	100201020	赵宝玉	男	52	47	60	96	255	23
23	100201021	郑淑贤	女	65	77	55	88	285	18
24	100201022	孙娜	女	82	87	49	54	272	22
25	100201023	曾丝华	女	83	74	47	70	274	21
26	100201024	罗远方	女	69	75	46	35	225	24

图 4-8 计算名次

3. 制作成绩统计表

（1）复制"成绩表"工作表，并将复制产生的新表命名为"成绩统计表"；
（2）在"成绩统计表"的数据下方制作如图 4-9 所示的"成绩统计表"；

成绩统计表							
课程	参加考试人数	最高分	最低分	平均分	85-100(人)	60-84(人)	60以下(人)
计算机导论							
程序设计							
大学英语							
高等数学							

图 4-9 成绩统计表

（3）计算计算机导论课程参考考试的人数：选中参加计算机导论考试人数的单元格，单击"公式"选项卡中"函数库"选项组中的"插入函数"按钮，打开"插入函数"对话框，选择 COUNT 函数，如图 4-10 所示；

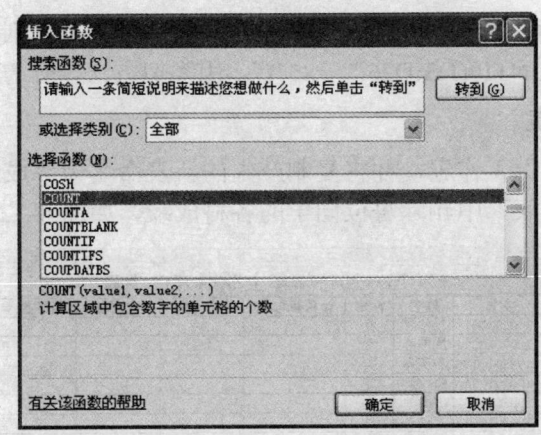

图 4-10 选择 COUNT 函数

选择了 COUNT 函数并确定以后,弹出如图 4-11 所示的函数参数对话框,单击 Value1 文本框,然后在工作表中选择参加统计的数据区域 D3:D26,并确定,计算出参加计算机导论考试的人数;

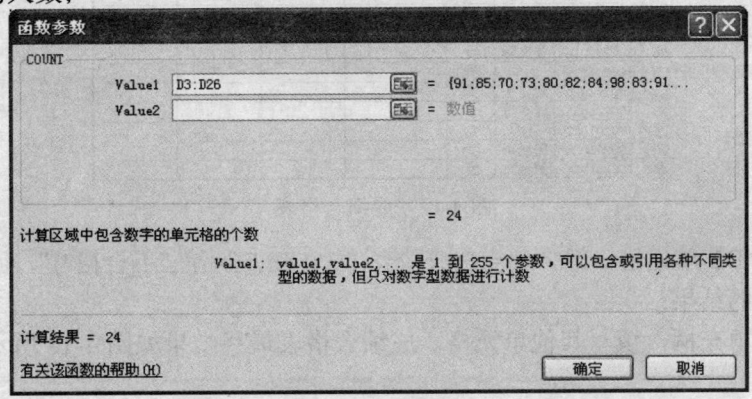

图 4-11 设置函数参数

(4)计算程序设计课程参考考试的人数:选中程序设计参加考试的人数的单元格,直接输入"=COUNT(E3:E26)",回车确定即可;

计算出其他课程参加考试的人数;

(5)计算计算机导论课程的最高分:选中计算机导论最高分的单元格,单击"公式"选项卡中"函数库"选项组中的"自动求和"下拉按钮,选择"最大值",再选择数据区域 D3:D26,回车后计算出计算机导论课程的最高分;

也可以用 MAX 函数计算出最高分;

(6)计算最低分:可以使用 MIN 函数计算最低分,也可以用类似(5)的方法;

(7)计算平均分:可以使用 AVERAGE 函数计算平均分,也可以用类似(5)的方法;

(8)设置小数位数:选中已计算的各科平均分,在"开始"选项卡的"数字"选项组中单击"减少小数位"保留一位小数;

(9)计算计算机导论课程 85 分及以上的人数:可以使用 COUNTIF 函数进行计算,具体方法是输入"=COUNTIF(D3:D26,">=85")";

（10）计算参加计算机导论课程成绩在 60～84 分的人数：使用公式"=COUNTIF(D3:D26,">=60")- =COUNTIF(D3:D26,">=85")"；用类似方法，计算其他分段统计人数。

4．制作成绩合格表

（1）复制"成绩表"工作表，并将复制产生的新表命名为"成绩合格表"；

（2）在"成绩合格表"中删除每位同学的各科成绩，如图 4-12 所示；

学号	姓名	性别	计算机导论	程序设计	大学英语	高等数学
\multicolumn{7}{c}{2010—2011学年上期期末成绩表}						

学号	姓名	性别	计算机导论	程序设计	大学英语	高等数学
100201001	杨妙琴	女				
100201002	周凤连	女				
100201003	白庆辉	男				
100201004	张小静	女				
100201005	郑敏	女				
100201006	文丽芬	女				
100201007	赵文静	女				
100201008	甘晓聪	男				
100201009	廖宇健	男				
100201010	曾美玲	女				
100201011	王艳平	女				
100201012	刘显淼	男				
100201013	黄小惠	女				
100201014	黄斯华	女				
100201015	李平安	男				
100201016	彭秉鸿	男				
100201017	林巧花	女				
100201018	吴文静	女				
100201019	何军	男				
100201020	赵宝玉	男				
100201021	郑淑贤	女				
100201022	孙娜	女				
100201023	曾丝华	女				
100201024	罗远方	女				

图 4-12　成绩合格表

（3）选中 D3 单元格，输入"=IF(成绩表!D3>=60,"合格","不合格")"，回车确认后，生成"合格"的结果；

（4）使用填充柄，填写其他单元格。成绩合格表最终结果如图 4-13 所示。

学号	姓名	性别	计算机导论	程序设计	大学英语	高等数学
\multicolumn{7}{c}{2010—2011学年上期期末成绩表}						

学号	姓名	性别	计算机导论	程序设计	大学英语	高等数学
100201001	杨妙琴	女	合格	合格	合格	合格
100201002	周凤连	女	合格	合格	合格	不合格
100201003	白庆辉	男	合格	合格	合格	合格
100201004	张小静	女	合格	合格	合格	合格
100201005	郑敏	女	合格	合格	合格	合格
100201006	文丽芬	女	合格	合格	合格	合格
100201007	赵文静	女	合格	不合格	合格	合格
100201008	甘晓聪	男	合格	不合格	合格	不合格
100201009	廖宇健	男	合格	不合格	合格	合格
100201010	曾美玲	女	合格	合格	合格	合格
100201011	王艳平	女	合格	合格	合格	合格
100201012	刘显淼	男	合格	合格	合格	合格
100201013	黄小惠	女	合格	合格	合格	合格
100201014	黄斯华	女	合格	合格	合格	合格
100201015	李平安	男	不合格	合格	合格	合格
100201016	彭秉鸿	男	合格	合格	合格	合格
100201017	林巧花	女	合格	合格	合格	合格
100201018	吴文静	女	合格	合格	合格	合格
100201019	何军	男	合格	合格	合格	合格
100201020	赵宝玉	男	不合格	不合格	合格	合格
100201021	郑淑贤	女	合格	合格	不合格	合格
100201022	孙娜	女	合格	合格	不合格	不合格
100201023	曾丝华	女	合格	合格	合格	合格
100201024	罗远方	女	合格	合格	不合格	不合格

图 4-13　成绩合格表最终结果

实验三 制作图表

【实验目的】

➢ 掌握制作图表的方法
➢ 会对图表进行格式化处理

【实验内容】

在 E 盘中，打开在实验二中已经建立的"学生成绩表"Excel 工作簿，然后完成以下实验内容：

◆ 制作计算机导论课程的成绩分布三维饼图。
◆ 制作各门课程成绩分布的二维簇状柱形图。
◆ 格式化图表。

【实验要点指导】

1．打开文件

（1）单击"开始"|"程序"|"Microsoft Office"|"Microsoft Office Excel 2010"，启动 Excel 2010；

（2）单击"文件"选项卡，选择"打开"命令，打开在实验二中已经建立的"学生成绩表"Excel 工作簿。

2．制作计算机导论课程成绩分布饼图

（1）选中"统计表"工作表；

（2）在 H2、I2 单元格中输入"总分、名次"选中 B29：B30 后，按住 CTRL 键，再选中 G29：I30，如图 4-14 所示；

	A	B	C	D	E	F	G	H	I	J
28					成绩统计表					
29			课程	参加考试人数	最高分	最低分	平均分	85-100(人)	60-84(人)	60以下(人)
30			计算机导论	24	99	52	77.5	6	16	2
31			程序设计	24	99	46	77.7	7	13	4
32			大学英语	24	96	46	73.4	6	14	4
33			高等数学	24	99	35	76.1	9	11	4
34										
35										

图 4-14 选择单元格区域

（3）生成三维饼图：单击"插入"选项卡中"图表"选项组中的"饼图"按钮，选择"三维饼图"；

（4）在生成的饼图中，右击"系列"区域，在弹出的快捷菜单中选择"添加数据标签"命令，结果如图 4-15 所示。

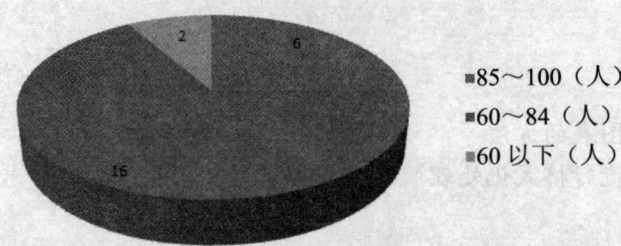

图 4-15 成绩分布图

3. 制作各科成绩分布柱形图

（1）选中"成绩统计表"工作表；

（2）在"成绩统计表"中选择各门课程及相应的成绩分布数据；

（3）单击"插入"选项卡中"图表"选项组中的"柱形图"按钮，选择"二维簇状柱形图"，结果如图 4-16 所示；

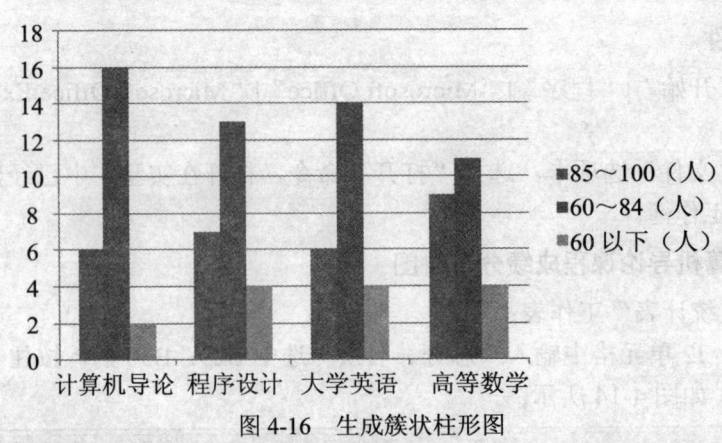

图 4-16 生成簇状柱形图

（4）格式化图表区：右击图表区，在弹出的快捷菜单中选择"设置图表区格式"命令，弹出"设置图表区格式"对话框，设置图表区格式，如图 4-17 所示；

（5）用类似方法设置绘图区、系列区的格式；

（6）设置字体：在图表的绘图区按鼠标右键，在弹出的快捷菜单中选择"字体…"命令，弹出如图 4-18 所示的"字体"对话框；

（7）在"字体"对话框中设置字体为黑体、大小为 11 号字。图表格式化后的最终结果如图 4-19 所示。

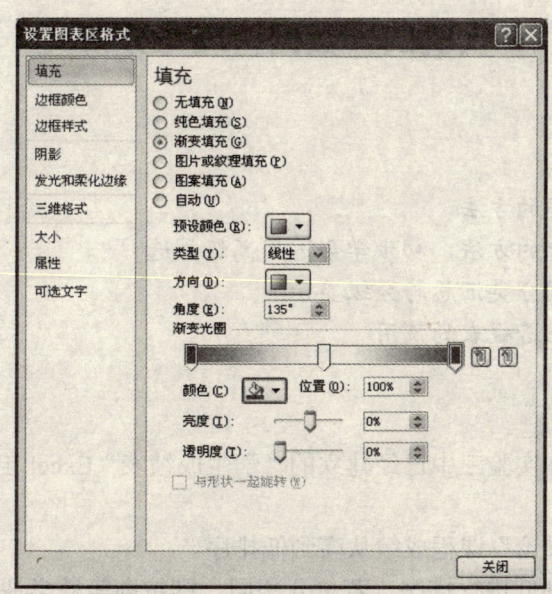

图 4-17 设置图表区格式

图 4-18 设置字体

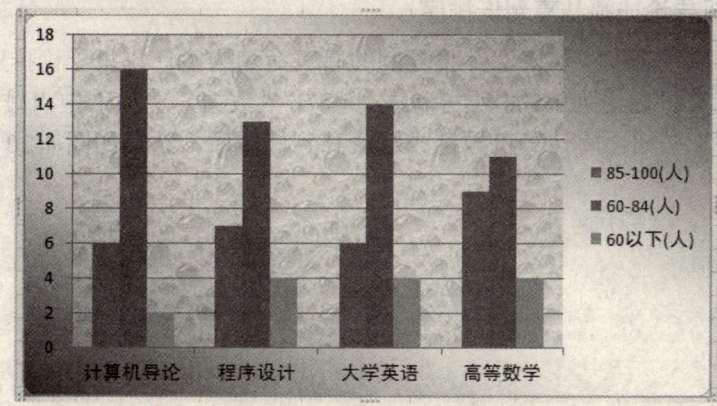

图 4-19 格式化图表结果

实验四　数据管理与分析

【实验目的】

- ➢ 掌握数据排序的方法
- ➢ 掌握自动筛选的方法，初步学会运用高级筛选
- ➢ 熟练掌握数据分类汇总与分级显示
- ➢ 初步掌握数据透视表的使用

【实验内容】

在 E 盘中，打开在实验三中已经建立的"学生成绩表"Excel 工作簿，然后完成以下实验内容：

- ◆ 按"计算机导论"课程成绩从高到低排序。
- ◆ 按总分从高到低进行排序，若总分相同，则按高等数学课程的成绩从高到低排序。
- ◆ 自动筛选出大学英语未及格的名单。
- ◆ 使用高级筛选，筛选出各科成绩在 80 分及以上的学生名单。
- ◆ 按学生性别分类求出各科平均分。

【实验要点指导】

1．打开文件

（1）单击"开始"|"程序"|"Microsoft Office"|"Microsoft Office Excel 2010"，启动 Excel 2010；

（2）单击"文件"选项卡，选择"打开"命令，打开在实验三中已经建立的"学生成绩表"Excel 工作簿。

2．按计算机导论成绩从高到低排序

（1）复制"成绩表"工作表，并将复制的新表命名为"计算机导论排序"；

（2）选中计算机导论列中的任意单元格，单击"数据"选项卡中"排序和筛选"选项组中的"升序"按钮，将计算机导论成绩从高到低排序，结果如图 4-20 所示。

	A	B	C	D	E	F	G
1	2010—2011学年上期期末成绩表						
2	学号	姓名	性别	计算机导论	程序设计	大学英语	高等数学
3	100201011	王艳平	女	99	83	75	98
4	100201008	甘晓聪	男	98	56	81	53
5	100201017	林巧花	女	92	71	68	80
6	100201001	杨妙琴	女	91	98	96	65
7	100201010	曾美玲	女	91	98	76	67
8	100201002	周凤连	女	85	83	96	42
9	100201007	赵文静	女	84	46	82	65
10	100201009	廖宇健	男	83	56	78	74
11	100201023	曾丝华	女	83	74	47	70
12	100201006	文丽芬	女	82	79	91	69
13	100201018	吴文静	女	82	86	65	79
14	100201022	孙娜	女	82	87	49	54
15	100201005	郑敏	女	80	80	92	88
16	100201012	刘显森	男	80	91	74	86
17	100201013	黄小惠	女	79	81	72	98
18	100201004	张小静	女	73	99	93	99
19	100201003	白庆辉	男	70	91	94	71
20	100201024	罗远方	女	69	75	46	35
21	100201016	彭秉鸿	男	66	71	70	99
22	100201021	郑淑贤	女	65	77	55	88
23	100201014	黄斯华	女	61	78	71	83
24	100201019	何军	男	60	81	61	77
25	100201015	李平安	男	54	76	70	91
26	100201020	赵宝玉	男	52	47	60	96

图 4-20 计算机导论课程排序

3．按总分从高到低排序

要求：首先按总分从高到低进行排序，若总分相同，则按高等数学课程的成绩从高到低排序。

（1）选中"总分和名次"工作表；

（2）将活动单元格置于表格数据区域中；

（3）单击"数据"选项卡中"排序和筛选"选项组中的"排序"按钮，打开"排序"对话框；

（4）在"排序"对话框中选择"主要关键字"为"总分"，选择"次序"为"降序"；如图 4-21 所示；

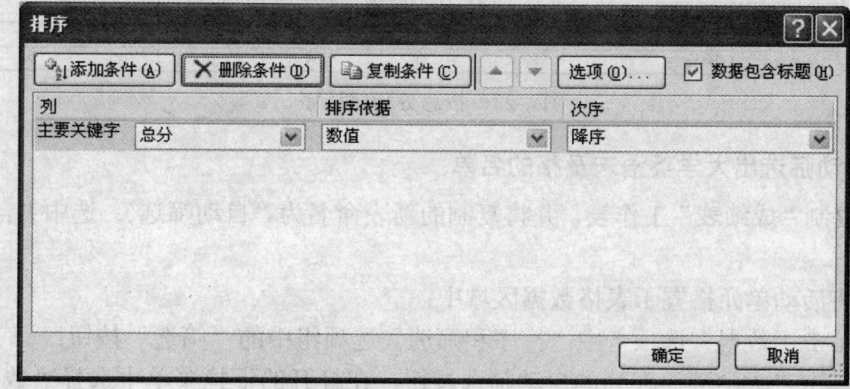

图 4-21 设置主要关键字

（5）在"排序"对话框中单击"添加条件"按钮，然后选择"次要关键字"为"高等数学"，选择"次序"为"降序"。排序对话框最终如图 4-22 所示；

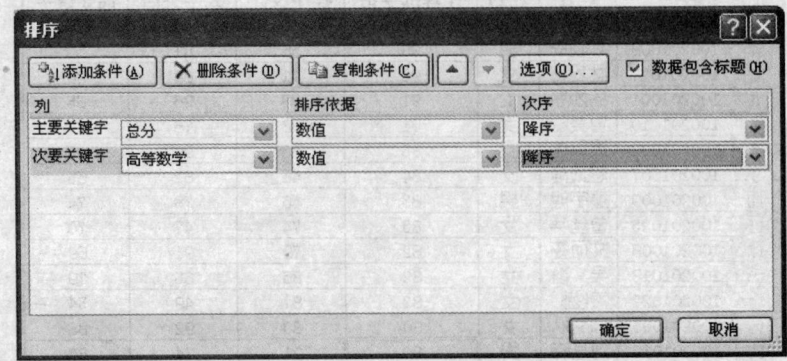

图 4-22　排序对话框

（6）设置好"排序"对话框，单击"确定"按钮。排序结果如图 4-23 所示。

学号	姓名	性别	计算机导论	程序设计	大学英语	高等数学	总分	名次
100201004	张小静	女	73	99	93	99	364	1
100201011	王艳平	女	99	83	75	98	355	2
100201001	杨妙琴	女	91	98	96	65	350	3
100201005	郑敏	女	80	80	92	88	340	4
100201010	曾美玲	女	91	98	76	67	332	5
100201012	刘显森	男	80	91	74	86	331	6
100201013	黄小惠	女	79	81	72	98	330	7
100201003	白庆辉	男	70	91	94	71	326	8
100201006	文丽芬	女	82	79	91	69	321	9
100201018	吴文静	女	82	86	65	79	312	10
100201017	林巧花	女	92	71	68	80	311	11
100201016	彭秉鸿	男	66	71	70	99	306	12
100201002	周凤连	女	85	83	96	42	306	12
100201014	黄斯华	女	61	78	71	83	293	14
100201015	李平安	男	54	76	70	91	291	15
100201009	廖宇健	男	83	56	78	74	291	15
100201008	甘晓聪	男	98	56	81	53	288	17
100201021	郑淑贤	女	65	77	55	88	285	18
100201019	何军	男	60	81	61	77	279	19
100201007	赵文静	女	84	46	82	65	277	20
100201023	曾丝华	女	83	74	47	70	274	21
100201022	孙娜	女	82	87	49	54	272	22
100201020	赵宝玉	男	52	47	60	96	255	23
100201024	罗远方	女	69	75	46	35	225	24

图 4-23　按总分降序排序

4．自动筛选出大学英语未及格的名单

（1）复制"成绩表"工作表，并将复制的新表命名为"自动筛选"；选中"自动筛选"工作表；

（2）将活动单元格置于表格数据区域中；

（3）单击"数据"选项卡中"排序和筛选"选项组中的"筛选"按钮；

（4）单击"大学英语"列的自动筛选按钮，在打开的下拉菜单中选择"数字筛选"级联菜单中的"自定义筛选…"命令，Excel 弹出如图 4-24 所示的"自定义自动筛选方

式"对话框；

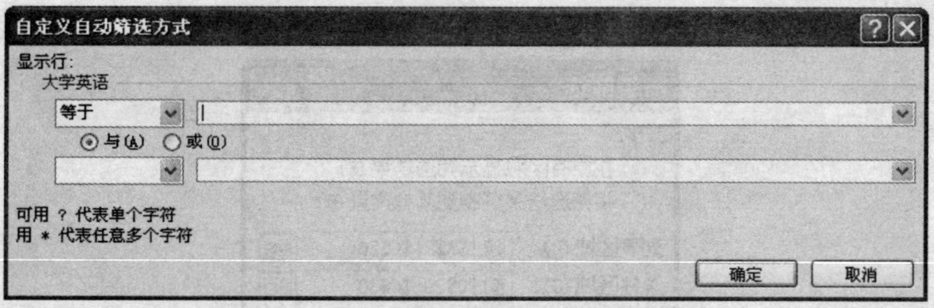

图 4-24 "自定义自动筛选方式"对话框

（5）设置大学英语成绩小于 60 分的学生，筛选结果如图 4-25 所示。

学号	姓名	性别	计算机导论	程序设计	大学英语	高等数学
100201021	郑淑贤	女	65	77	55	88
100201022	孙娜	女	82	87	49	54
100201023	曾丝华	女	83	74	47	70
100201024	罗远方	女	69	75	46	35

图 4-25 自动筛选出大学英语未及格的名单

5. 高级筛选出各科成绩在 80 分及以上的学生名单

（1）复制"成绩表"工作表，并将复制的新表命名为"高级筛选"；选中"高级筛选"工作表；

（2）建立高级筛选的条件区域，如图 4-26 所示；

	A	B	C	D	E	F	G
1	2010—2011学年上期期末成绩表						
2	学号	姓名	性别	计算机导论	程序设计	大学英语	高等数学
3	100201001	杨妙琴	女	91	98	96	65
4	100201002	周凤连	女	85	83	96	42
5	100201003	白庆辉	男	70	91	94	71
6	100201004	张小静	女	73	99	93	99
7	100201005	郑敏	女	80	80	92	88
8	100201006	文丽芬	女	82	79	91	69
9	100201007	赵文静	女	84	46	82	65
10	100201008	甘晓聪	男	98	56	81	53
11	100201009	廖宇健	男	83	56	78	74
12	100201010	曾美玲	女	91	98	76	67
13	100201011	王艳平	女	99	83	75	98
14	100201012	刘显森	男	80	91	74	86
15	100201013	黄小惠	女	79	81	72	98
16	100201014	黄斯华	女	61	78	71	83
17	100201015	李平安	男	54	76	70	91
18	100201016	彭秉鸿	男	66	71	70	99
19	100201017	林巧花	女	92	71	68	80
20	100201018	吴文静	女	82	86	65	79
21	100201019	何军	男	60	81	61	77
22	100201020	赵宝玉	男	52	47	60	96
23	100201021	郑淑贤	女	65	77	55	88
24	100201022	孙娜	女	82	87	49	54
25	100201023	曾丝华	女	83	74	47	70
26	100201024	罗远方	女	69	75	46	35
27							
28							
29				计算机导论	程序设计	大学英语	高等数学
30				>=80	>=80	>=80	>=80

图 4-26 建立高级筛选的条件区域

（3）单击"数据"选项卡中"排序和筛选"选项组中的"高级"按钮，弹出"高级筛选"对话框；

（4）设置"高级筛选"对话框，如图4-27所示；

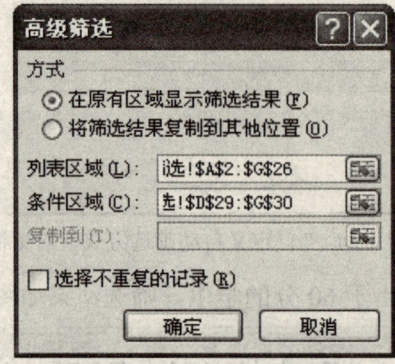

图4-27　设置高级筛选对话框

（5）高级筛选结果如图4-28所示。

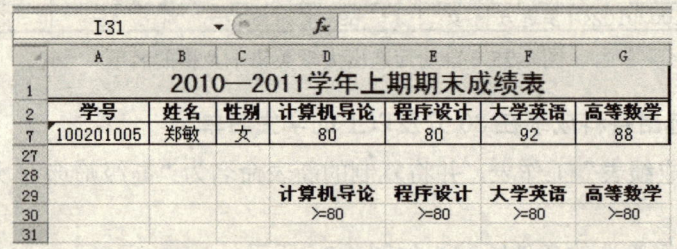

图4-28　高级筛选出各科成绩在80分及以上的学生名单

6．按学生性别分类求出各科平均分

（1）复制"成绩表"工作表，并将复制的新表命名为"分类汇总"；选中"分类汇总"工作表；

（2）对分类项"性别"进行排序；

（3）单击"数据"选项卡中"分级显示"选项组中的"分类汇总"按钮，弹出"分类汇总"对话框；

（4）设置"分类汇总"对话框，如图4-29所示；

（5）分类汇总结果如图4-30所示；

（6）分级显示分类汇总结果如图4-31所示。

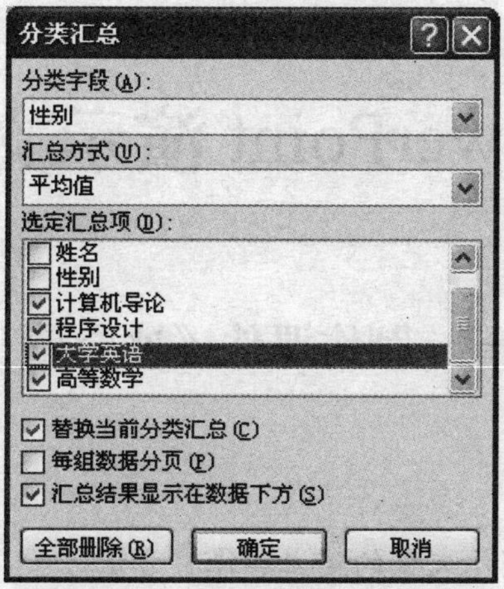

图 4-29 设置分类汇总对话框

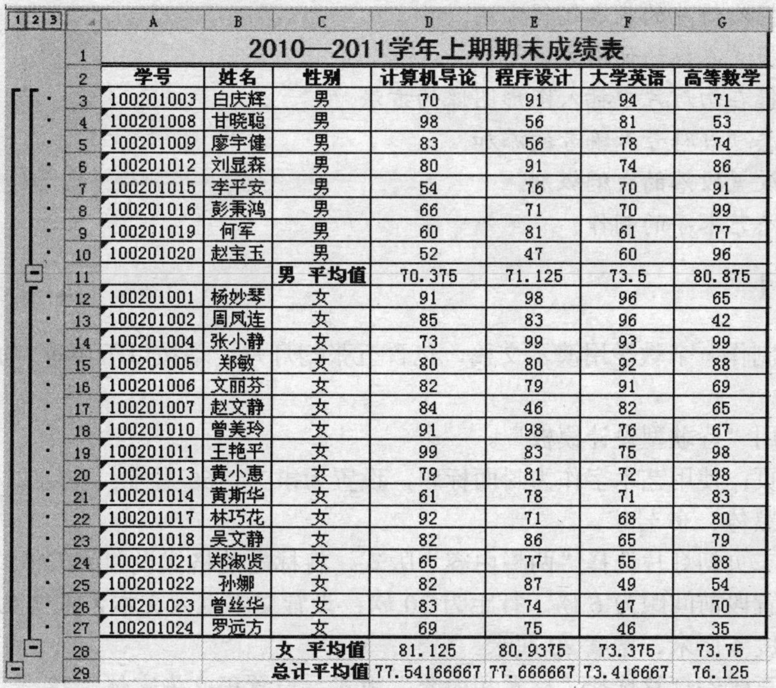

	A	B	C	D	E	F	G
1	2010—2011学年上期期末成绩表						
2	学号	姓名	性别	计算机导论	程序设计	大学英语	高等数学
3	100201003	白庆辉	男	70	91	94	71
4	100201008	甘晓聪	男	98	56	81	53
5	100201009	廖宇健	男	83	56	78	74
6	100201012	刘显森	男	80	91	74	86
7	100201015	李平安	男	54	76	70	91
8	100201016	彭秉鸿	男	66	71	70	99
9	100201019	何军	男	60	81	61	77
10	100201020	赵宝玉	男	52	47	60	96
11			男 平均值	70.375	71.125	73.5	80.875
12	100201001	杨妙琴	女	91	98	96	65
13	100201002	周凤连	女	85	83	96	42
14	100201004	张小静	女	73	99	93	99
15	100201005	郑敏	女	80	80	92	88
16	100201006	文丽芬	女	82	79	91	69
17	100201007	赵文静	女	84	46	82	65
18	100201010	曾美玲	女	91	98	76	67
19	100201011	王艳平	女	99	83	75	98
20	100201013	黄小惠	女	79	81	72	98
21	100201014	黄斯华	女	61	78	71	83
22	100201017	林巧花	女	92	71	68	80
23	100201018	吴文静	女	82	86	65	79
24	100201021	郑淑贤	女	65	77	55	88
25	100201022	孙娜	女	82	87	49	54
26	100201023	曾丝华	女	83	74	47	70
27	100201024	罗远方	女	69	75	46	35
28			女 平均值	81.125	80.9375	73.375	73.75
29			总计平均值	77.54166667	77.666667	73.416667	76.125

图 4-30 按性别计算各科平均分

	A	B	C	D	E	F	G
1	2010—2011学年上期期末成绩表						
2	学号	姓名	性别	计算机导论	程序设计	大学英语	高等数学
11			男 平均值	70.375	71.125	73.5	80.875
28			女 平均值	81.125	80.9375	73.375	73.75
29			总计平均值	77.54166667	77.666667	73.416667	76.125
30							

图 4-31 分级显示分类汇总结果

第5章 PowerPoint 演示文稿制作软件

实验一 制作课件《冰心诗三首》

【实验目的】

- ➢ 掌握 PowerPoint 演示文稿的建立和保存方法。
- ➢ 会正确选择版式。
- ➢ 掌握幻灯片的基本编辑方法。
- ➢ 掌握文本框的使用方法。
- ➢ 掌握在幻灯片中插入图形图像的方法。
- ➢ 熟悉项目符号和编号的添加。
- ➢ 会设置段落的大纲级别。
- ➢ 熟悉艺术字的制作。

【实验内容】

本实验制作一个教学用演示文稿,包含五张幻灯片。请按以下要求完成本演示文稿的制作:

- ◆ 选用"诗歌型设计模板"。
- ◆ 首页:使用艺术字作为封面标题,设置为隶书、66 号字;使用文本框制作小标题,设置为黑体、36 号字。
- ◆ 第二页幻灯片选择"两栏内容"版式,将标题的格式设置为宋体、44 号字、居中。正文设置段前间距为 6 磅、行距为 30 磅;设置文本框内文本为宋体 22 号字,文本框大小为高度 4 厘米、宽度 20 厘米。
- ◆ 第三张幻灯片选择"标题和内容"版式;设置正文为宋体、28 号字、加粗;插入内容为"人"的剪贴画;设置文本框大小为高度 5 厘米、宽度 11 厘米。
- ◆ 第四张幻灯片选择"两栏内容"版式;设置正文为宋体、28 号字、加粗;插入内容为"人"的剪贴画;文本框内文字设置为宋体 22 号,设置文本框大小为高度 4 厘米、宽度 20 厘米。
- ◆ 第五张幻灯片选择"标题和内容"版式;将"词语积累、背景资料、能力拓展"设置为宋体 20 号字、加粗,其余文字设置为宋体 18 号;将"惊羡……""冰心……""诗集……""体会……""学习……"段落提高列表级别。

【实验要点指导】

1. 创建文件

（1）单击"开始"|"所有程序"|"Microsoft Office"|"Microsoft PowerPoint 2010"，打开 PowerPoint 2010，并创建一个空白文档；

（2）单击"文件"选项卡，然后单击"新建"；在"Office.com 模板"列表中单击"幻灯片背景"按钮，再打开"图案"，选择"诗歌型设计模板"，如图 5-1 所示，最后单击"下载"按钮，此时以"诗歌型设计模板"新建一个演示文稿；

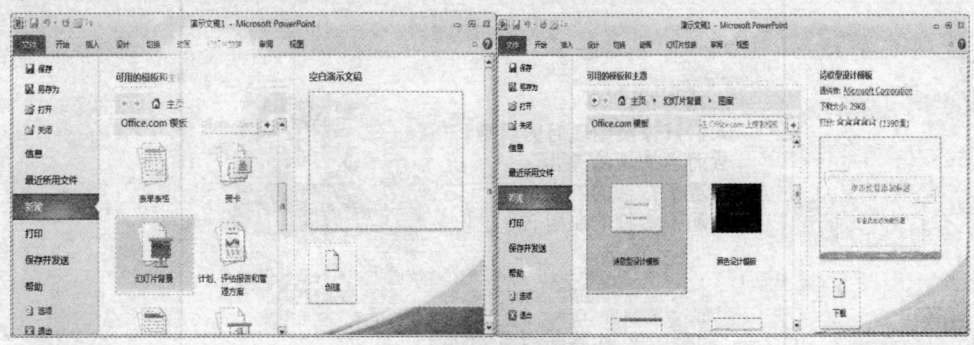

图 5-1　选择"诗歌型设计模板"创建文稿

（3）保存演示文稿。

2. 编辑"首页"

"首页"幻灯片的最终效果如图 5-2 所示。

图 5-2　"首页"幻灯片最终效果图

编辑步骤如下：

（1）在"开始"选项卡上的"幻灯片"组中，单击"版式"按钮，选择"空白"版式；

（2）在"插入"选项卡上的"文字"组中，单击"艺术字"按钮，然后单击所需艺

术字样式,在出现的"请在此放置用户的文字"占位符中输入标题内容"冰心诗三首",设置为隶书、66号字,并调整其位置;

(3)在"插入"选项卡上的"文字"组中,单击"文本框"按钮,然后在幻灯片中拖出文本框,并在文本框中输入小标题内容,设置为黑体、36号字。

3. 编辑第二页"成功的花"

第二页幻灯片的最终效果如图5-3所示。

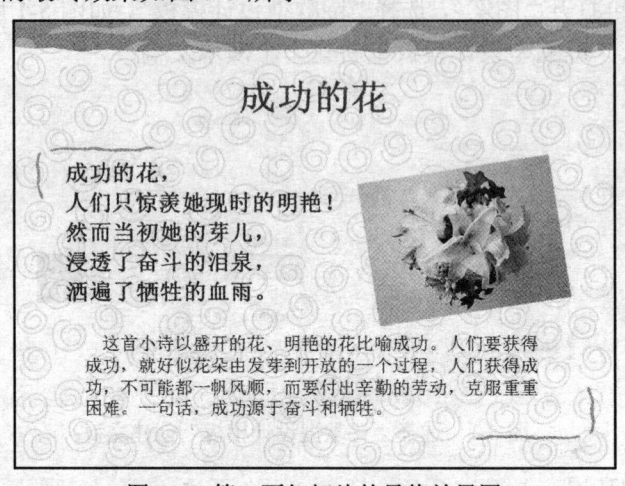

图5-3 第二页幻灯片的最终效果图

编辑步骤如下:

(1)在"开始"选项卡上的"幻灯片"组中,单击"新建幻灯片"按钮,新建一张幻灯片,设置为"两栏内容"版式;

(2)输入标题"成功的花";

(3)单击左栏,输入诗词内容:

> "成功的花,
> 人们只惊羡她现时的明艳!
> 然而当初她的芽儿,
> 浸透了奋斗的泪泉,
> 洒遍了牺牲的血雨。"

(4)选中诗词内容,在"开始"选项卡上的"段落"组中,单击"项目符号"列表按钮,选择"无"取消默认的项目符号;在"开始"选项卡上的"段落"组中,单击"行距"按钮,选择"行距选项",在如图5-2所示的对话框中设置段前间距为6磅、行距为30磅;

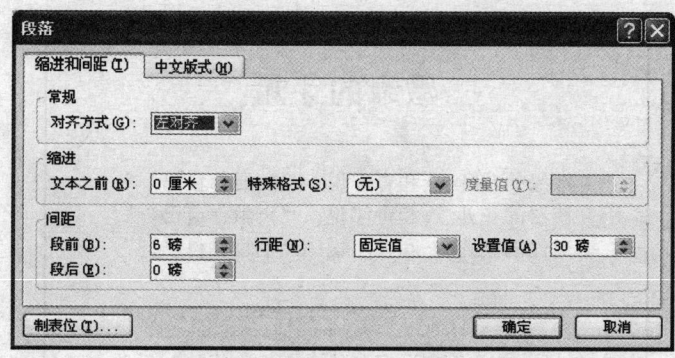

图 5-4 设置段落间距和行间距

（5）在右栏中单击"插入来自文件的图片"按钮，选择要插入的图片文件，调整图片的大小和位置；

（6）在"插入"选项卡上的"文字"组中，单击"文本框"按钮，然后在幻灯片中拖出文本框，输入以下内容：

> "这首小诗以盛开的花、明艳的花比喻成功。人们要获得成功，就好似花朵由发芽到开放的一个过程，人们获得成功，不可能都一帆风顺，而要付出辛勤的劳动，克服重重困难。一句话，成功源于奋斗和牺牲。"

设置文本框内文本为宋体 22 号字；右击文本框，选择"大小和位置"命令，设置文本框大小为高度 4 厘米、宽度 20 厘米，如图 5-5 所示；

（7）调整幻灯片中各部分的布局。

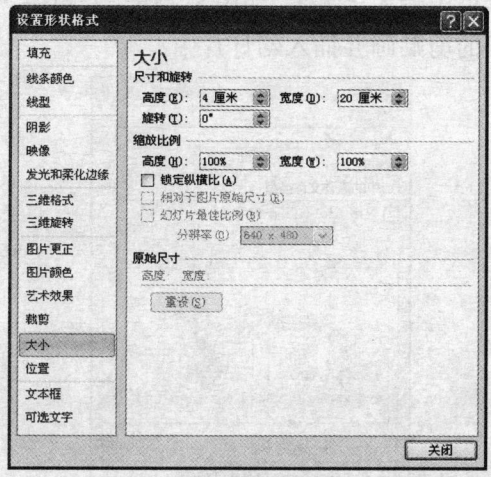

图 5-5 设置文本框大小

4．编辑第三页"嫩绿的芽儿"

第三页幻灯片的最终效果如图 5-6 所示。编辑步骤如下：

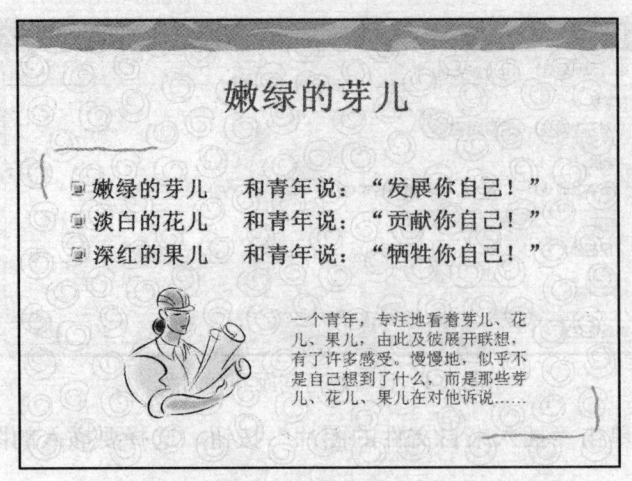

图 5-6　第三页幻灯片的最终效果图

（1）新建一张幻灯片，选择"标题和内容"版式；
（2）添加标题"嫩绿的芽儿"，添加正文内容：

> 嫩绿的芽儿和青年说："发展你自己！"
> 淡白的花儿和青年说："贡献你自己！"
> 深红的果儿和青年说："牺牲你自己！"

设置正文为宋体、28 号字、加粗；

（3）在"插入"选项卡上的"图像"组中，单击"剪贴画"按钮，在"剪贴画"窗格中的"搜索文字"文本框中输入"人"，如图 5-7 所示，单击"搜索"按钮，在搜索结果列表中，单击选中需要的剪贴画并插入幻灯片中；

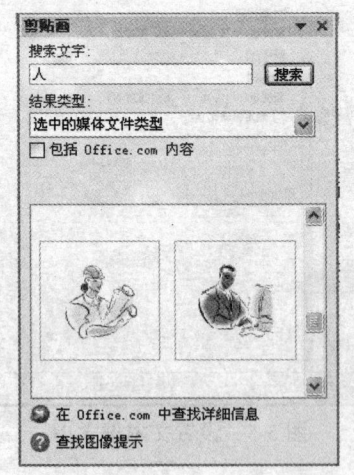

图 5-7　插入剪贴画

（4）在幻灯片右下文插入文本框，输入内容：

> "一个青年,专注地看着芽儿、花儿、果儿,由此及彼展开联想,有了许多感受。慢慢地,似乎不是自己想到了什么,而是那些芽儿、花儿、果儿在对他诉说……"

设置文本框大小为高度 5 厘米、宽度 11 厘米;

(5)调整幻灯片中各部分的布局,最终效果如图 5-6 所示。

5. 编辑第四页"青年人"

第四页幻灯片的最终效果如图 5-8 所示。

图 5-8 第四页幻灯片的最终效果图

编辑步骤如下:

(1)新建一张幻灯片,选择"两栏内容"版式;

(2)添加标题"青年人",在右栏中添加正文内容:

> "青年人,
> 　珍重的描写罢,
> 　时间正翻着书页,
> 　请你着笔!"

设置正文为宋体、28 号字、加粗;

(3)在左栏中插入剪贴画:在"插入"选项卡上的"图像"组中,单击"剪贴画"按钮,在"剪贴画"窗格中的"搜索文字"文本框中输入"人",单击"搜索"按钮,在搜索结果列表中,单击选中需要的剪贴画并插入幻灯片中;

(4)在幻灯片下部插入文本框,输入内容:

> 　　作为一个奋发有为的青年人,诗人把自己以及所有的青年人的生命史当做一部未完成的书稿,当做不断被书写的历史,用这样奇特的构思来凝成这首小诗。于是"时间正翻着书页,请你着笔!"

设置为宋体 22 号,设置文本框大小为高度 4 厘米、宽度 20 厘米;
(5) 调整幻灯片中各部分的布局,最终效果如图 5-8 所示。

6. 编辑第五页"重点学习内容"

第五页幻灯片的最终效果,如图 5-9 所示。

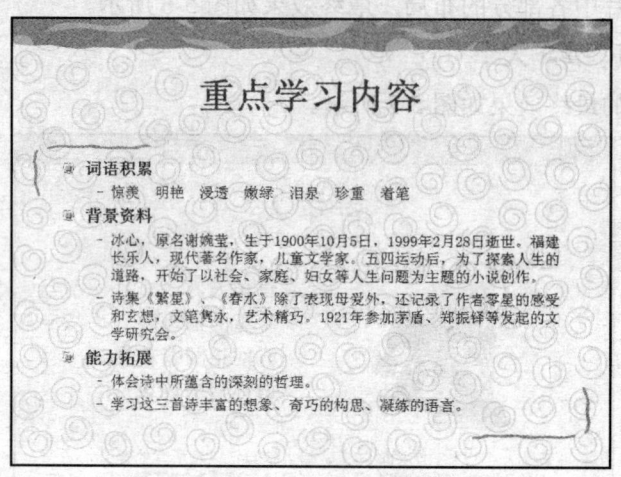

图 5-9　第五页幻灯片的最终效果图

编辑步骤如下:
(1) 新建一张幻灯片,选择"标题和内容"版式;
(2) 添加标题"重点学习内容";
(3) 在右栏中添加正文内容:

> 词语积累
>
> 惊羡　明艳　浸透　嫩绿　泪泉　珍重　着笔
>
> 背景资料
>
> 冰心,原名谢婉莹,生于 1900 年 10 月 5 日,1999 年 2 月 28 日逝世。福建长乐人,现代著名作家,儿童文学家。五四运动后,为了探索人生的道路,开始了以社会、家庭、妇女等人生问题为主题的小说创作。
>
> 诗集《繁星》《春水》除了表现母爱外,还记录了作者零星的感受和玄想,文笔隽永,艺术精巧。1921 年参加茅盾、郑振铎等发起的文学研究会。
>
> 能力拓展
>
> 体会诗中所蕴含的深刻的哲理。
> 学习这三首诗丰富的想象、奇巧的构思、凝练的语言。

将"词语积累、背景资料、能力拓展"设置为宋体 20 号字、加粗,其余文字设置为宋体 18 号;

(4) 选中"惊羡……"段落,在"开始"选项卡上的"段落"组中,单击"提高列表级别"按钮;用同一方法设置"冰心……""诗集……""体会……""学习……"段落;

（5）设置文本框大小为高度 12 厘米、宽度 22 厘米。

实验二　商业产品推介《PowerPoint 2010 新功能》

【实验目的】

> ➢ 会使用幻灯片母版，会自定义幻灯片母版的格式。
> ➢ 进一步掌握幻灯片的编辑方法。
> ➢ 掌握插入图像文件的方法，会对图片进行各种效果的设置。
> ➢ 掌握在幻灯片中绘制形状方法，会对图形进行效果设置。
> ➢ 掌握制作 SmartArt 图形的方法，会正确设置 SmartArt 图形的效果。
> ➢ 掌握页眉、页脚设置方法。

【实验内容】

本实验是制作一个商业产品推介用演示文稿，包含七张幻灯片。请按以下要求完成本演示文稿的制作：

◆ 选用"透明"主题。
◆ 自定义幻灯片母版，新增加一张"1_内容与标题"版式。
◆ 首页：使用"标题幻灯片"版式，输入大标题和小标题。
◆ 第二页：使用"内容与标题"版式。在右栏中输入内容，在左栏中制作"SmartArt"图形。
◆ 第三张幻灯片选择"节标题"版式。
◆ 第四张幻灯片选择"1_内容与标题"版式；绘制圆角矩形形状，并复制三个圆角矩形形状，设置四个圆角矩形形状的格式分别为：柔和阴影、映像、凹凸效果和三维效果。
◆ 第五张幻灯片选择"1_内容与标题"版式；插入一张蝴蝶图片，并复制三张，将其余三张图片分别设置图片效果为三维"等轴左下""玻璃化"艺术效果、图片样式为"圆形对角"。
◆ 第六张幻灯片选择"节标题"版式。
◆ 第七张幻灯片选择"比较"版式。在右栏中制作"射线循环"SmartArt 图形。
◆ 设置页脚、编号。

【实验要点指导】

1. 创建文件

（1）单击"开始"|"所有程序"|"Microsoft Office"|"Microsoft PowerPoint 2010"，打开 PowerPoint 2010，并创建一个空白文档；

（2）单击"设计"选项卡，在"主题"组中单击"其他"按钮，在打开的"所有主

题"列表中选择"透明"主题,如图 5-10 所示;

(3)保存演示文稿。

2.自定义母版

(1)在"视图"选项卡上的"母版视图"组中,单击"幻灯片母版"按钮,进入"幻灯片母版"编辑视图;

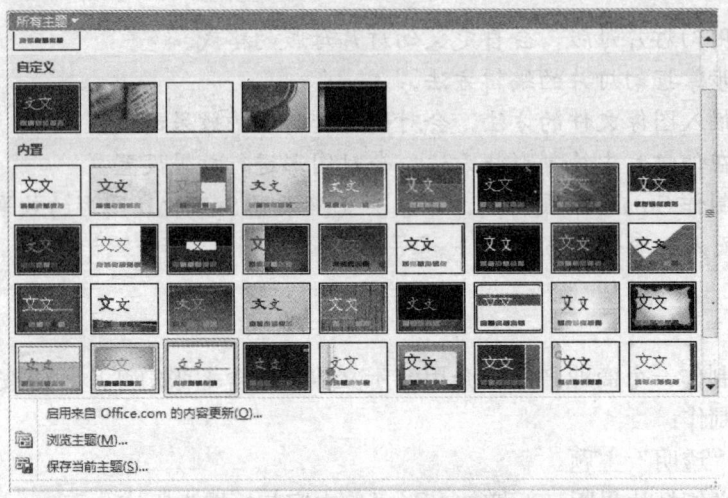

图 5-10 选择"透明"主题

(2)在"幻灯片母版"视图中选择"内容与标题版式",复制并粘贴,系统新增加一个名为"1_内容与标题版式"的幻灯片母版,调整"1_内容与标题版式"的幻灯片母版的布局,如图 5-11 所示。

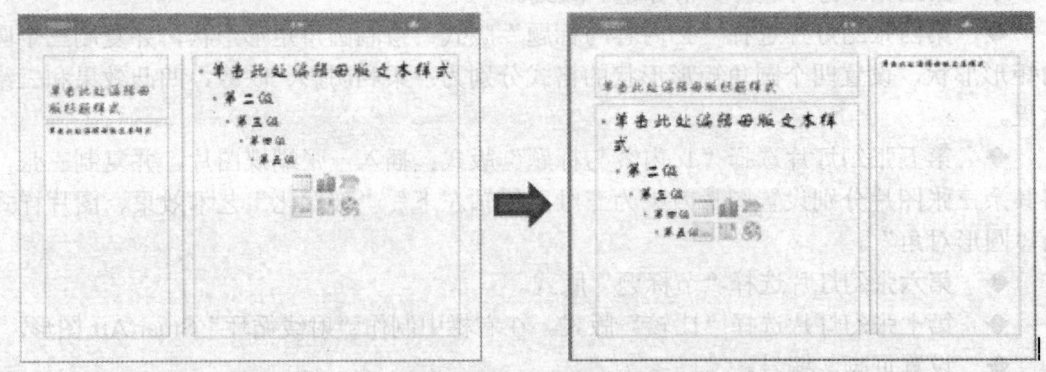

图 5-11 复制并定义幻灯片母版

3.编辑"首页"

"首页"幻灯片的最终效果如图 5-12 所示。

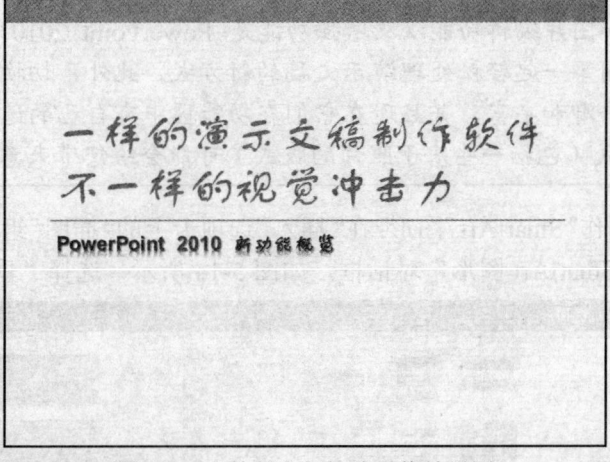

图 5-12 "首页"幻灯片最终效果图

编辑步骤如下：

（1）在"开始"选项卡上的"幻灯片"组中，单击"版式"按钮，选择"标题幻灯片"版式；

（2）输入主标题，内容为："一样的演示文稿制作软件不一样的视觉冲击力"，输入副标题，内容为："PowerPoint 2010 新功能概览"。

4．编辑第二张幻灯片

第二张幻灯片的最终效果如图 5-13 所示，编辑步骤如下。

图 5-13 第二张幻灯片的最终效果图

（1）在"开始"选项卡上的"幻灯片"组中，单击"新建幻灯片"按钮，新建一张幻灯片，设置为"内容与标题"版式；

（2）输入标题"PowerPoint 2010 简介"；

（3）单击右栏，输入内容：

新增的视频和图片编辑功能以及增强功能是 PowerPoint 2010 的新亮点。此版本提供了许多与同事一起轻松处理演示文稿的新方式。此外,切换效果和动画运行起来比以往更为平滑和丰富,并且现在它们在功能区中有自己的选项卡。许多新增 SmartArt 图形版式(包括一些基于照片的版式)可能会给您带来意外的惊喜。

(4)在左栏中制作"SmartArt"图形:在"插入"选项卡上的"插图"组中,单击"SmartArt"按钮,打开"选择 SmartArt 图形"对话框,如图 5-14 所示,选择"垂直图片重点列表";

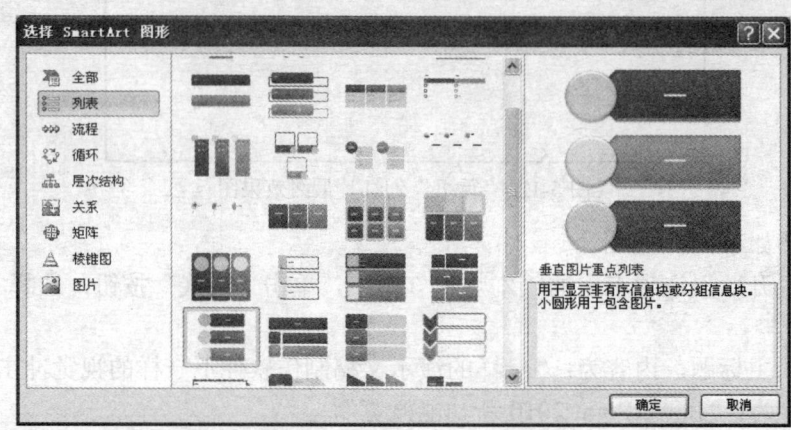

图 5-14　选择 SmartArt 图形

(5)系统默认创建了三个列表,在"SmartArt 工具"的"设计"选项卡上的"创建图形"组中,单击"添加形状"以增加一个列表,如图 5-15 所示;

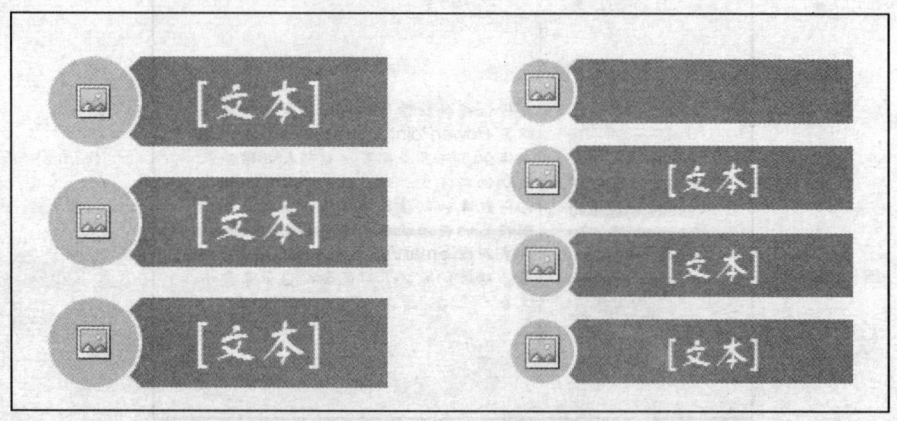

图 5-15　增加 SmartArt 形状

(6)在"SmartArt 工具"的"设计"选项卡上的"创建图形"组中,单击"文本窗格"打开如图 5-16 所示的文本编辑窗口,输入相应文本;

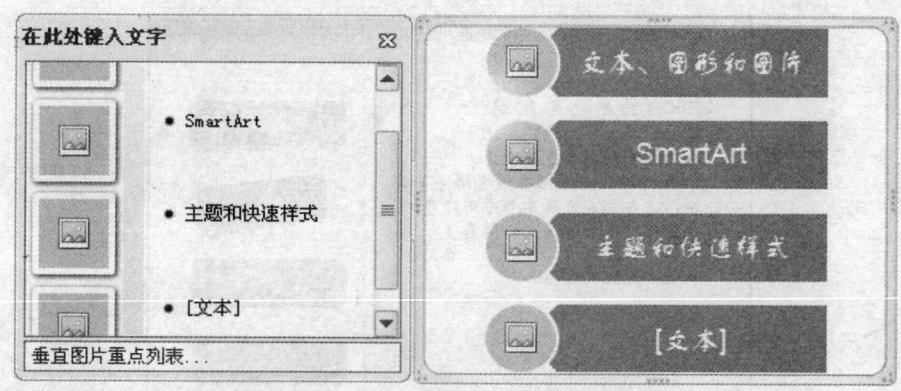

图 5-16　输入 SmartArt 形状的文本

（7）在"SmartArt 工具"的"设计"选项卡上的"SmartArt 样式"组中，设置为"三维卡通"效果；在"SmartArt 工具"的"格式"选项卡上的"形状格式"组中，单击"形状填充"，设置每个形状的填充颜色效果。

5．编辑第三张幻灯片

第三张幻灯片的最终效果如图 5-17 所示。

图 5-17　第三页幻灯片的最终效果图

编辑步骤如下：
（1）新建一张幻灯片，选择"节标题"版式；
（2）添加主标题"文本、图形和图片"，添加正文内容。

6．编辑第四张幻灯片

第四张幻灯片的最终效果如图 5-18 所示，编辑步骤如下：

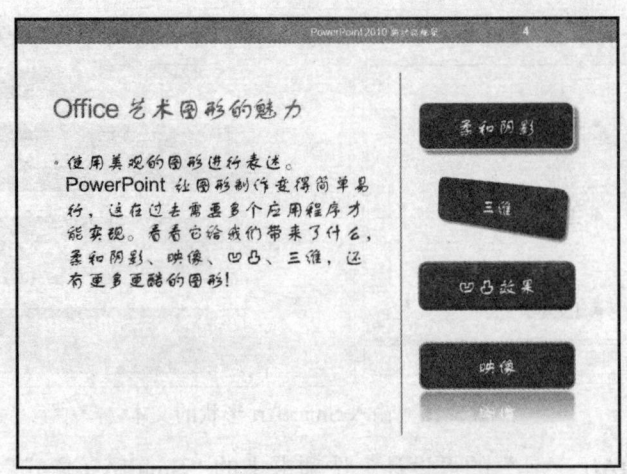

图 5-18　第四张幻灯片的最终效果图

（1）新建一张幻灯片，选择新定义的"1_内容与标题"版式；
（2）添加标题"Office 艺术图形的魅力"，在左栏中添加正文内容：

> 　　使用美观的图形进行表述。PowerPoint 让图形制作变得简单易行，这在过去需要多个应用程序才能实现。看看它给我们带来了什么，柔和阴影、映像、凹凸、三维，还有更多、更酷的图形！

（3）在右栏中插入形状：在"插入"选项卡上的"插图"组中，单击"形状"按钮，在"形状"列表中选择"圆角矩形"，然后在幻灯片中画出一个圆角矩形，设置宽度为 6.5 厘米，高度为 2 厘米，并复制出三个圆角矩形；
（4）右击圆角矩形形状，选择"设置形状格式"，设置深红色填充，边框线条为白色、25%透明度，设置柔和阴影效果，如图 5-19 所示；

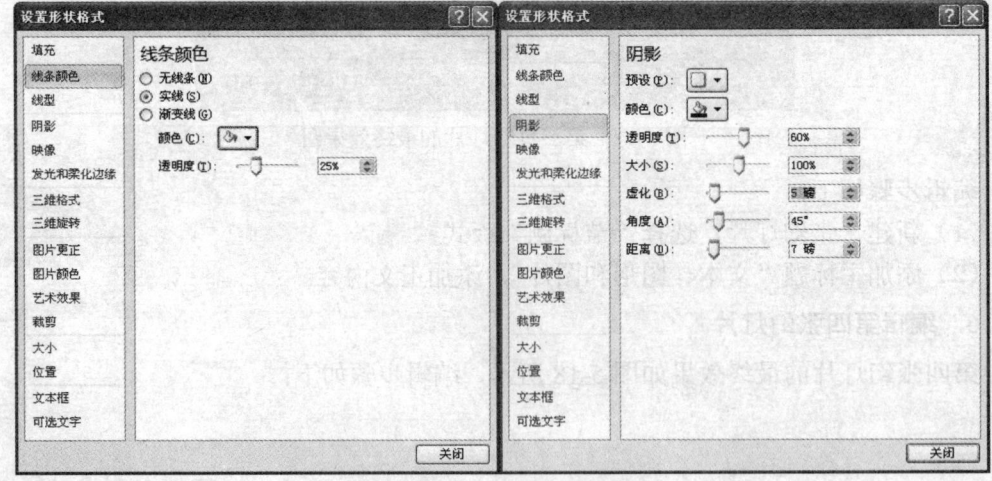

图 5-19　设置柔和阴影效果

（5）用相似的方法，对复制的三个圆角矩形形状分别设置映像、凹凸效果和三维效果；

（6）单击每一个形状，在上面添加文本；

（7）调整四个形状的布局：选中四个形状，在"绘图工具"的"格式"选项卡上的"排列"组中，单击"对齐"按钮，分别选择"左对齐"命令和"纵向分布"命令。最终效果如图 5-18 所示。

7．编辑第五张幻灯片

第五张幻灯片的最终效果如图 5-20 所示。

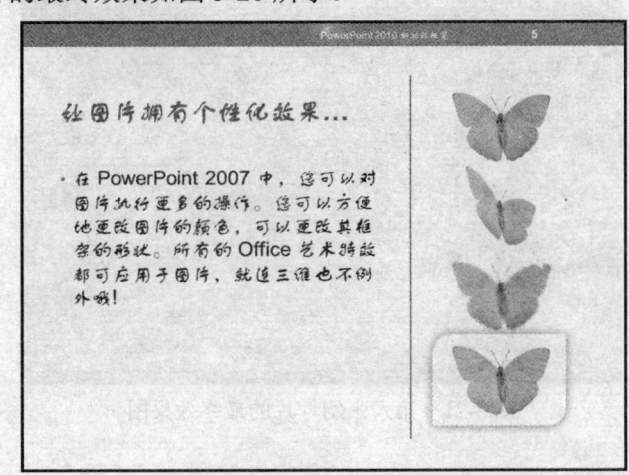

图 5-20　第五张幻灯片的最终效果图

编辑步骤如下：

（1）新建一张幻灯片，选择新定义的"1_内容与标题"版式；

（2）添加标题"让图片拥有个性化效果……"，在左栏中添加正文内容：

> 在 PowerPoint 2007 中，您可以对图片执行更多的操作。您可以方便地更改图片的颜色，也可以更改其框架的形状。所有的 Office 艺术特效都可应用于图片，就连三维也不例外哦！

（3）在右栏中插入一张"蝴蝶"图片，并复制三份；

（4）将第二张蝴蝶图片设置图片效果为三维"等轴左下"：选择第四张蝴蝶图片，在"图片工具"的"格式"选项卡上的"图片样式"组中，单击"图片效果"按钮，在"三维旋转"列表中选择"圆形对角"；

（5）将第三张蝴蝶图片"玻璃"化：选择第二张蝴蝶图片，在"图片工具"的"格式"选项卡上的"调整"组中，单击"艺术效果"按钮，在"艺术效果"列表中选择"玻璃"；

（6）将第四张蝴蝶图片设置样式为"圆形对角"：选择第三张蝴蝶图片，在"图片工具"的"格式"选项卡上的"图片样式"组中，单击"其他"按钮，在"图片样式"列表中选择"圆形对角"；

（7）调整四个形状的布局：选中四个形状，在"绘图工具"的"格式"选项卡上的"排列"组中，单击"对齐"按钮，分别选择"左对齐"命令和"纵向分布"命令。最终效果如图 5-20 所示。

8．编辑第六张幻灯片

第六张幻灯片的最终效果如图 5-21 所示。

图 5-21　第六张幻灯片的最终效果图

编辑步骤如下：
（1）新建一张幻灯片，选择"节标题"版式；
（2）添加主标题"文本、图形和图片"，添加正文内容。

9．编辑第七张幻灯片

第七张幻灯片的最终效果，如图 5-22 所示。

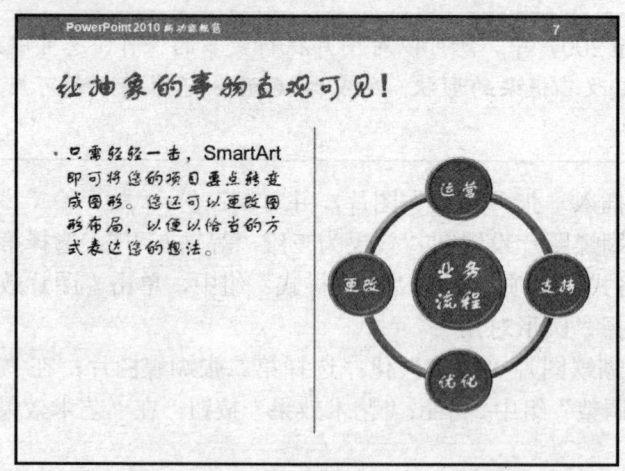

图 5-22　第七张幻灯片的最终效果图

编辑步骤如下：
（1）新建一张幻灯片，选择"比较"版式；

（2）添加标题"让抽象的事物直观可见！"在左栏中添加正文内容：

> 只需轻轻一击，SmartArt 即可将您的项目要点转变成图形。您还可以更改图形布局，以便以恰当的方式表达您的想法。

（3）在右栏中单击"插入 SmartArt 图形"占位符，在打开的"选择 SmartArt 图形"列表中选择"射线循环"，如图 5-23 所示；

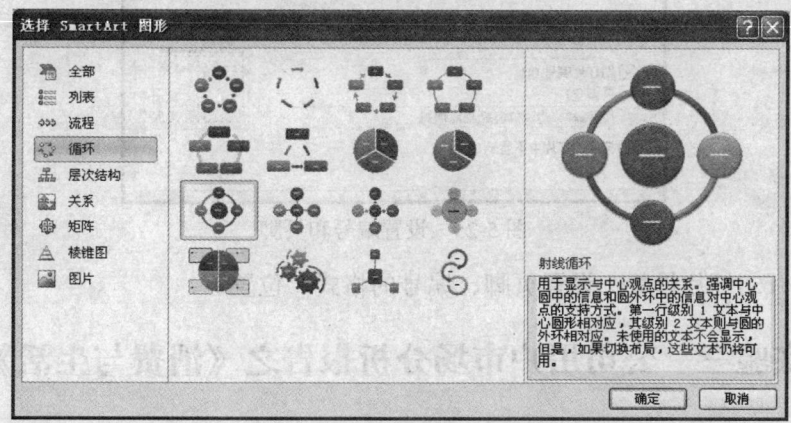

图 5-23　选择"射线循环"SmartArt 图形

（4）在"射线循环"SmartArt 图形中单击[文本]占位符，输入文本，如图 5-24 所示；

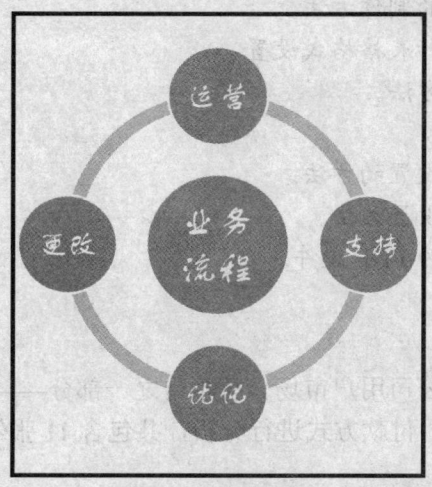

图 5-24　在"射线循环"SmartArt 图形中输入文本

（5）按住 Ctrl 键不放，分别单击选中"射线循环"SmartArt 图形中的五个圆形，在"SmartArt 工具"的"格式"选项卡上的"形状样式"组中，单击"形状效果"列表，选择"棱台"中的"硬边缘"效果。

10．**设置页脚、编号**

（1）在"插入"选项卡上的"文本"组中，单击"页眉页脚"按钮；

（2）设置编号、页脚内容为"PowerPoint 2010 新功能概览"；

（3）单击"全部应用"按钮，如图 5-25 所示；

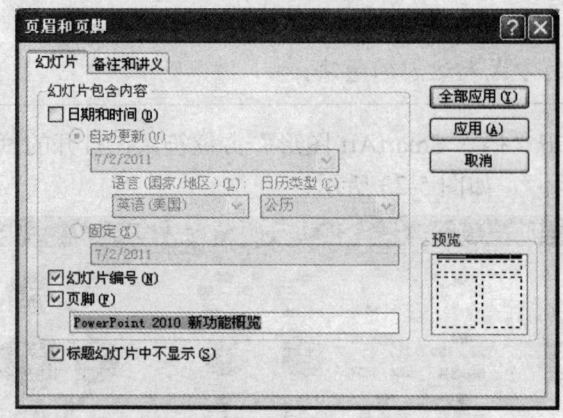

图 5-25　设置编号和页脚

（4）打开幻灯片母版，设置页脚、编号的格式、位置。

实验三　公司用户市场分析报告之《消费与生活》

【实验目的】

> 掌握组织结构图的制作方法。
> 会编辑表格，进行表格格式设置。
> 掌握图表的制作方法。
> 熟练设置超链接。
> 掌握幻灯片动画设置的方法。
> 掌握幻灯片切换设置方法。
> 将演示文稿转换为 PDF 文件。

【实验内容】

本实验包含的内容是公司用户市场分析报告之一部分——《消费与生活》，对用户的家庭支出情况、购物方式、付款方式进行分析，共包含 11 张幻灯片。请按以下要求完成本演示文稿的制作：

◆ 选用"奥斯汀"主题。
◆ 自定义幻灯片母版，设置母版中页脚、编号等组成部分的位置。
◆ 首页：使用"标题幻灯片"版式，输入大标题和小标题。
◆ 第二页：使用"内容与标题"版式，制作大纲（即目录）。
◆ 第三张幻灯片选择"内容与标题"版式，制作"简介"部分。
◆ 第四张幻灯片选择"内容与标题"版式，制作"家庭支出项目列表"；绘制 SmartArt 图形，类型为层次结构，并调整层次内容。
◆ 第五张幻灯片选择"内容与标题"版式，制作"家庭支出项目统计图"，选择三维饼图。

◆ 第六至第十张幻灯片选择"内容与标题"版式，分别制作"购物方式""付款方式"幻灯片。

◆ 第十一张幻灯片选择"内容与标题"版式，制作"总结"部分幻灯片。

◆ 设置页脚、编号。

◆ 在"大纲"页设置超链接，将大纲列表内容分别链接到相应幻灯片上，并在目标幻灯片上制作返回"大纲"页的按钮。

◆ 设置每张幻灯片的动画方式为"自左侧飞入"。

◆ 设置幻灯片切换方式为"自左侧推进"。

◆ 将演示文稿转换为 PDF 文件。

【实验要点指导】

1．创建文件

（1）单击"开始"|"所有程序"|"Microsoft Office"|"Microsoft PowerPoint 2010"，打开 PowerPoint 2010，并创建一个空白文档；

（2）单击"设计"选项卡，在"主题"组中单击"其他"按钮，在打开的"所有主题"列表中选择"奥斯汀"主题；

（3）保存演示文稿。

2．编辑"首页"

"首页"幻灯片的最终效果，如图 5-26 所示。

图 5-26　"首页"幻灯片最终效果图

编辑步骤如下：

（1）在"开始"选项卡上的"幻灯片"组中，单击"版式"按钮，选择"标题幻灯片"版式；

（2）输入主标题，内容为："消费与生活"；输入副标题，内容为："公司用户市场分析报告之一"。

3. 编辑第二张幻灯片

第二张幻灯片的最终效果，如图 5-27 所示。

图 5-27　第二张幻灯片的最终效果图

编辑步骤如下：

（1）在"开始"选项卡上的"幻灯片"组中，单击"新建幻灯片"按钮，新建一张幻灯片，设置为"标题与内容"版式；

（2）输入标题"大纲"；

（3）输入正文内容：

```
简介
家庭支出
购物方式
付款方式
总结
```

（4）插入一张图片，在"图片工具"的"格式"选项卡上的"图片样式"组中，单击"其他"按钮，打开"图片样式"列表，选择"金属椭圆"样式。

4. 编辑第三张幻灯片

第三张幻灯片的最终效果，如图 5-28 所示。

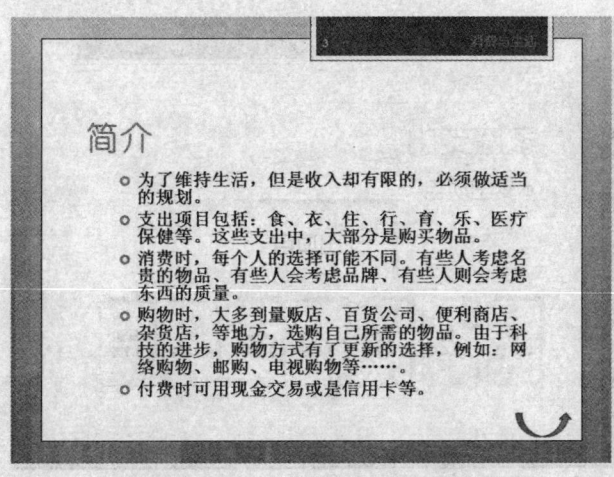

图 5-28　第三张幻灯片的最终效果图

编辑步骤如下：

（1）新建一张幻灯片，选择"标题与内容"版式；

（2）添加标题"简介"，添加正文内容：

> 为了维持生活，但是收入却有限的，必须做适当的规划。
>
> 支出项目包括：食、衣、住、行、育、乐、医疗保健等。这些支出中，大部分是购买物品。
>
> 消费时，每个人的选择可能不同。有些人考虑名贵的物品、有些人会考虑品牌、有些人则会考虑东西的质量。
>
> 购物时，大多到量贩店、百货公司、便利商店、杂货店等地方，选购自己所需的物品。由于科技的进步，购物方式有了更新的选择，例如：网络购物、邮购、电视购物等……
>
> 付费时可用现金交易或是信用卡等。

（3）设置正文为宋体22号，文本框高度设置为10.5厘米、宽度为18厘米。

5．编辑第四张幻灯片

第四张幻灯片的最终效果，如图5-29所示。

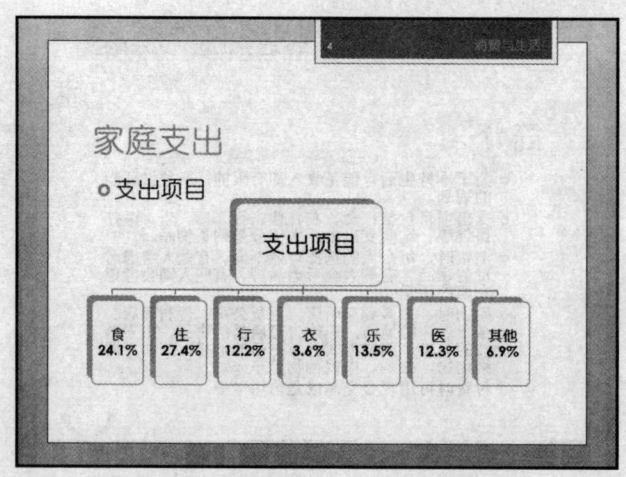

图 5-29 第四张幻灯片的最终效果图

编辑步骤如下:
(1) 新建一张幻灯片,选择"标题与内容"版式;
(2) 添加标题"家庭支出项目";
(3) 在标题下方制作层次结构图:单击"插入 SmartArt 图形"占位符,在打开的"选择 SmartArt 图形"对话框中,单击选择"层次结构"类型,再选择"层次结构",如图 5-30 所示;

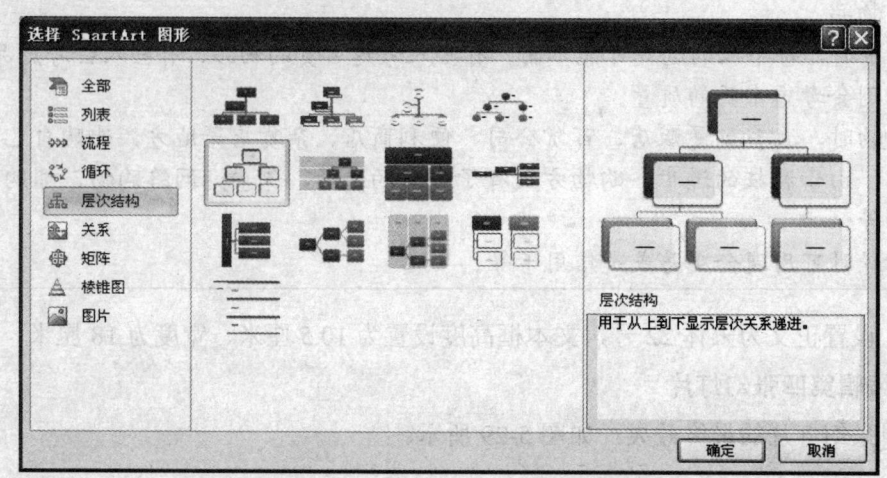

图 5-30 选择"层次结构"图形

(4) 系统创建了如图 5-31 所示的三级层次结构图;

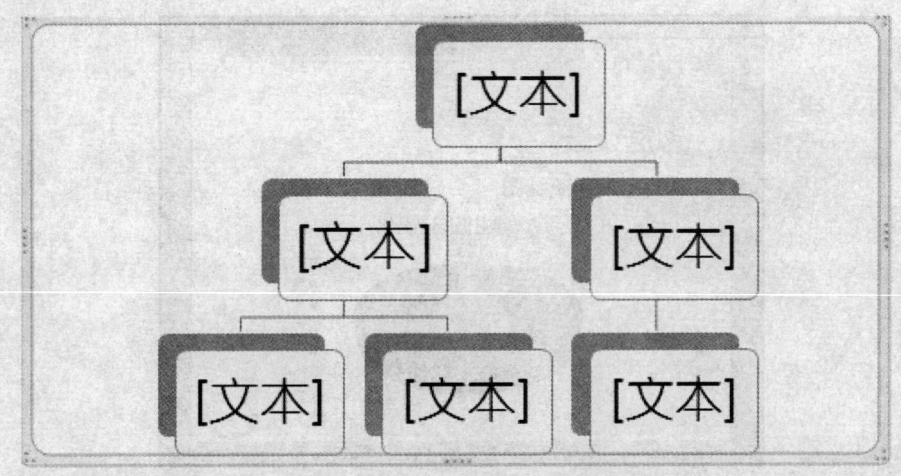

图 5-31 创建三级层次结构

(5) 选择第三层次的三个图形,在"SmartArt 工具"的"设计"选项卡上的"创建图形"组中,单击"升级"按钮,将第三层次的图形升为第二层次的图形,如图 5-32 所示;

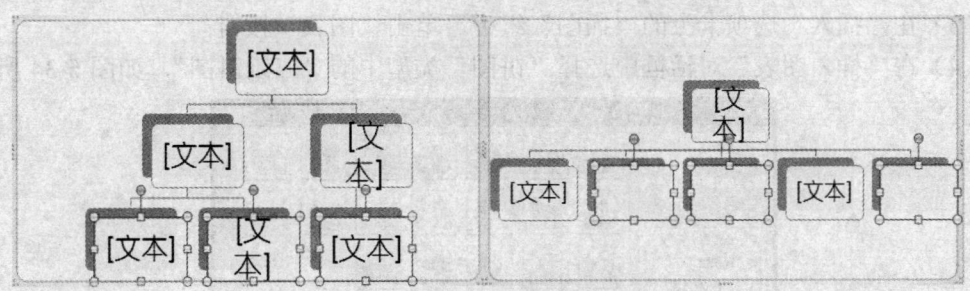

图 5-32 调整图形的层次

(6) 选择最后一个形状,在"SmartArt 工具"的"设计"选项卡上的"创建图形"组中,单击"添加形状"按钮,选择"在后面添加形状",增加一个图形;

(7) 单击各个图形,在图形上添加文本;

(8) 同时选择第二层的七个图形,在"SmartArt 工具"的"格式"选项卡,单击"大小",设置形状的高度为 3.6 厘米,宽度为 2.22 厘米;设置第一层的图形的高度为 3.5 厘米,宽度为 6.2 厘米。

6. 编辑第五张幻灯片

第五张幻灯片的最终效果,如图 5-33 所示。

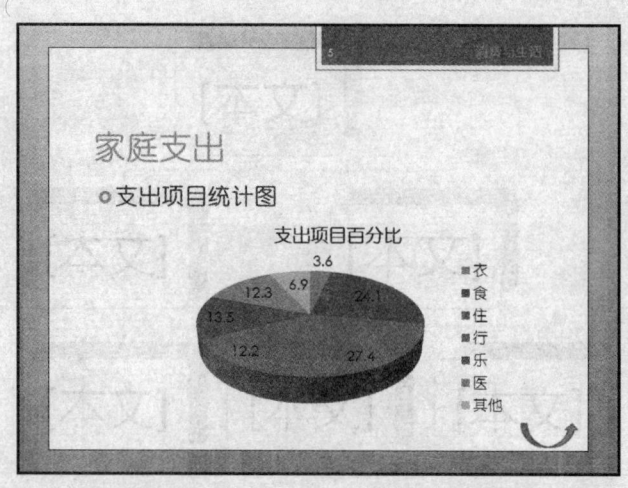

图 5-33　第五张幻灯片的最终效果图

编辑步骤如下：

（1）新建一张幻灯片，选择"标题与内容"版式；

（2）添加标题；

（3）在"插入"选项卡上的"插图"组中，单击"图表"按钮；

（4）在"插入图表"对话框中选择"饼图"类型中的"三维饼图"，如图 5-34 所示；

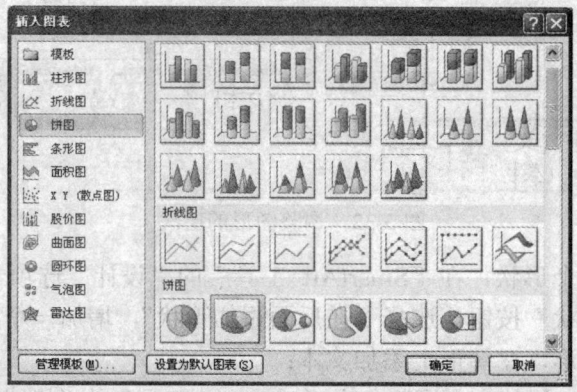

图 5-34　插入三维饼图

（5）系统进入 Excel 编辑状态，编辑表格内容，如图 5-35 所示；

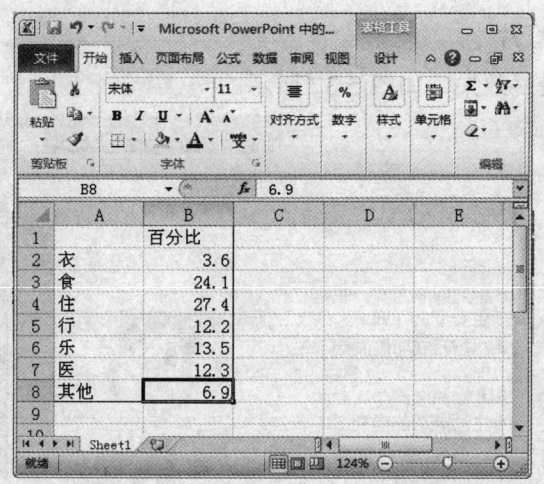

图 5-35　在 Excel 中输入图表数据

（6）关闭 Excel，系统生成饼图。在饼图上右击，选择"添加数据标签"命令，在饼图的各组成部分上添加百分比数据，如图 5-33 所示。

7．编辑第六张幻灯片

第六张幻灯片的最终效果，如图 5-36 所示。

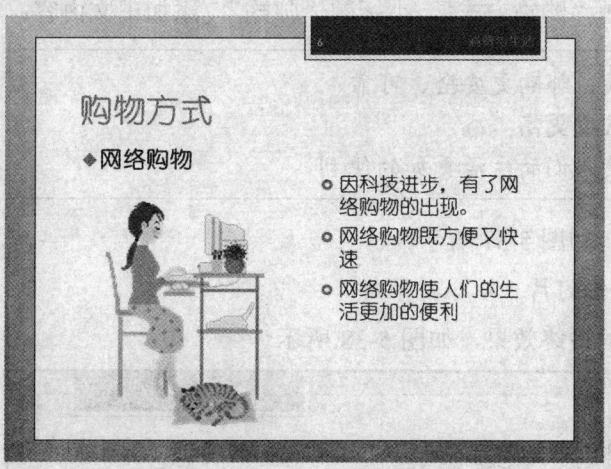

图 5-36　第六张幻灯片的最终效果图

编辑步骤如下：

（1）新建一张幻灯片，选择"两栏内容"版式；
（2）添加主标题"购物方式"，小标题"网络购物"，添加正文内容：

　　因科技进步，有了网络购物的出现
　　网络购物既方便又快速
　　网络购物使人们的生活更加的便利

（3）插入图片，如图 5-36 所示。

8．编辑第七张幻灯片

第七张幻灯片的最终效果，如图 5-37 所示。

图 5-37　第六张幻灯片的最终效果图

编辑步骤如下：
（1）新建一张幻灯片，选择"两栏内容"版式；
（2）添加主标题"购物方式"，小标题"邮购"，添加正文内容：

相对网购方式，邮购更安全、可靠
邮购方式可信度更高
邮购方式也使人们的生活更加的便利

（3）插入图片，如图 5-37 所示。

9．编辑第八张幻灯片

第 8 张幻灯片的最终效果，如图 5-38 所示。

图 5-38　第八张幻灯片的最终效果图

编辑步骤如下：
（1）新建一张幻灯片，选择"两栏内容"版式；
（2）添加主标题"购物方式"，小标题"电视购物"，添加正文内容：

电视购物可以悠闲的坐在电视机前，边看电视边完成
它像是自家里的百货公司似的，挑选自己所需的日常生活用品
可以充分利用时间

（3）插入图片，如图 5-38 所示。

10．编辑第九张幻灯片

第 9 张幻灯片的最终效果，如图 5-39 所示。

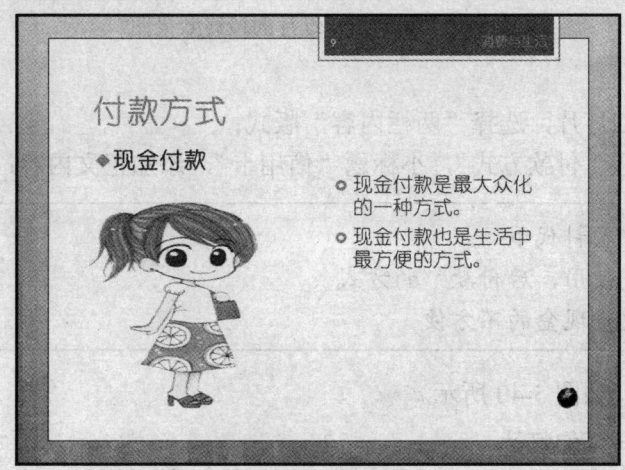

图 5-39　第九张幻灯片的最终效果图

编辑步骤如下：
（1）新建一张幻灯片，选择"两栏内容"版式；
（2）添加主标题"付款方式"，小标题"现金付款"，添加正文内容：

现金付款是最大众化的一种方式
现金付款也是生活中最方便的方式

（3）插入图片，如图 5-39 所示。

11．编辑第十张幻灯片

第 10 张幻灯片的最终效果，如图 5-40 所示。

图 5-40 第十张幻灯片的最终效果图

编辑步骤如下：
（1）新建一张幻灯片，选择"两栏内容"版式；
（2）添加主标题"付款方式"，小标题"信用卡"，添加正文内容：

信用卡是一种塑料代币
信用卡是"先使用，后付款"的方式
避免了携带大量现金的不方便

（3）插入图片，如图 5-40 所示。

12．编辑第十一张幻灯片

第 11 张幻灯片的最终效果，如图 5-41 所示。

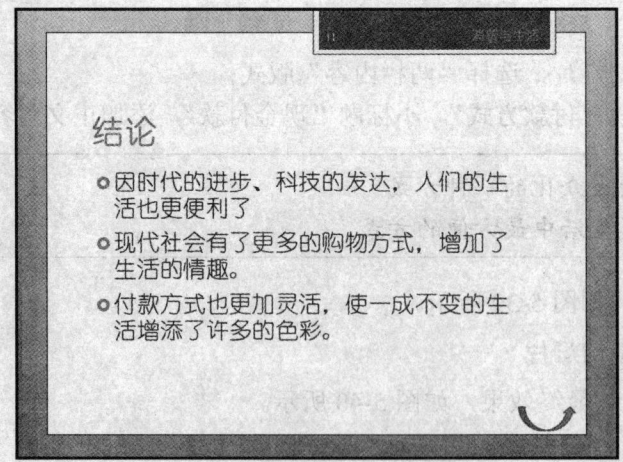

图 5-41 第十一张幻灯片的最终效果图

编辑步骤如下：
（1）新建一张幻灯片，选择"标题和内容"版式；

(2) 添加主标题"结论",添加正文内容:

因时代的进步、科技的发达,人们的生活也更便利了
现代社会有了更多的购物方式,增加了生活的情趣
付款方式也更加灵活,使一成不变的生活增添了许多的色彩

13. 设置页眉页脚

(1) 在"插入"选项卡上的"文本"组中,单击"页眉页脚"按钮;
(2) 设置编号、页脚内容为"消费与生活";
(3) 单击"全部应用"按钮,如图 5-42 所示;

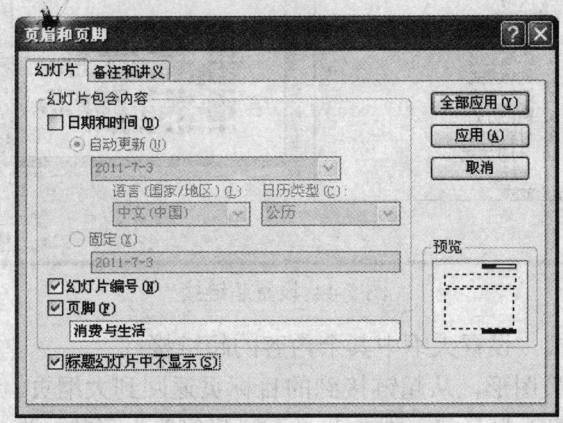

图 5-42　设置编号和页脚

(4) 在"视图"选项卡上的"母版"组中,单击"幻灯片母版"按钮,打开幻灯片母版,设置页脚、编号的格式、位置,如图 5-43 所示。

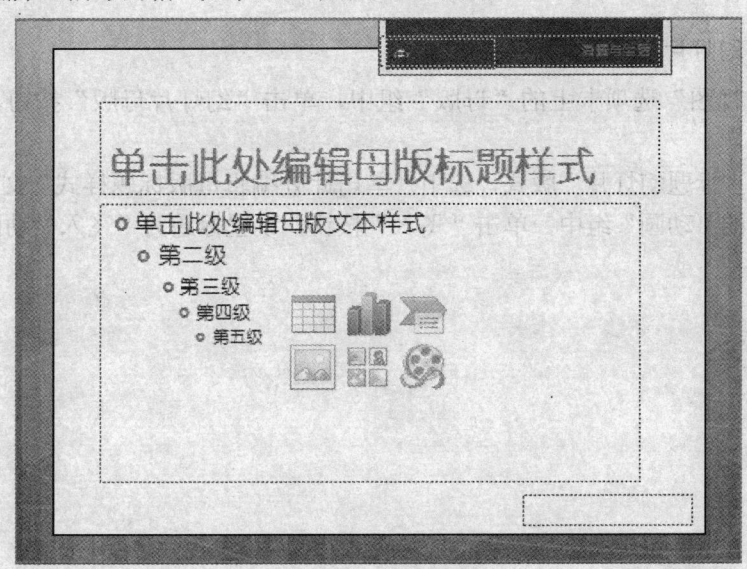

图 5-43　设置母版

14. 设置超链接

（1）选中第二张幻灯片（即大纲页）；

（2）选中"简介"文本并右击，在快捷菜单中选择"超链接"命令；

（3）在"插入超链接"对话框中，选择"本文档中的位置"，在"请选择文档中的位置"列表中选择"3.简介"并确定，如图5-44所示；

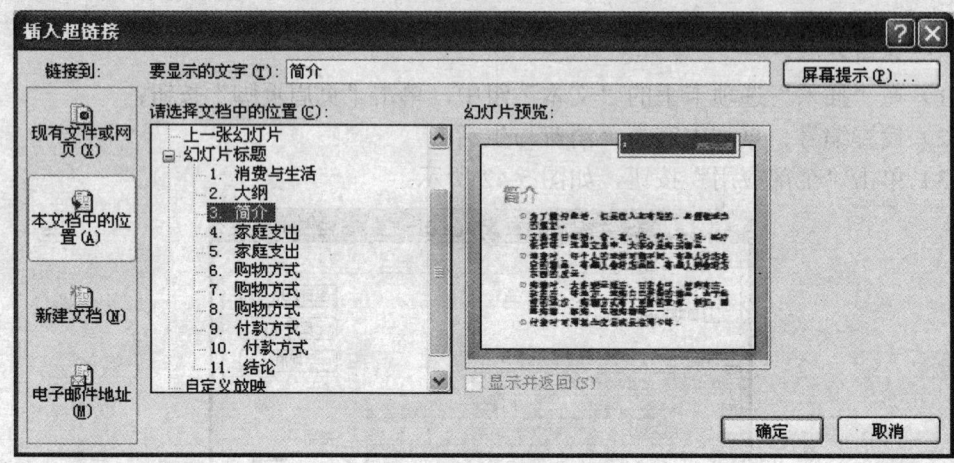

图 5-44 设置超链接

（4）用同样的方式，设置大纲中其余内容的超链接；

（5）设置"返回"图形，从超链接到的目标页返回到大纲页。方法是在"简介"页中插入一个"下弧形箭头"形状，右击此"下弧形箭头"形状，选择"超链接"，设置链接到"大纲"页；

（6）复制已制作好超链接的"下弧形箭头"形状，并粘贴到第5、第8、第10、第11张上。

15. 设置幻灯片动画

（1）在"视图"选项卡上的"母版"组中，单击"幻灯片母版"按钮，打开幻灯片母版视图；

（2）选中"标题幻灯片"版式，选中"单击此处编辑母版标题样式"文本框，在"动画"选项卡上的"动画"组中，单击"飞入"按钮，设置标题为"飞入"动画，如图5-45所示；

图 5-45 设置标题的动画方式

（3）在"动画"选项卡上的"高级动画"组中，单击"动画窗格"按钮打开动画窗格，单击动画列表，选择"动画效果"，设置飞入方向"自顶部"，如图 5-46 所示；

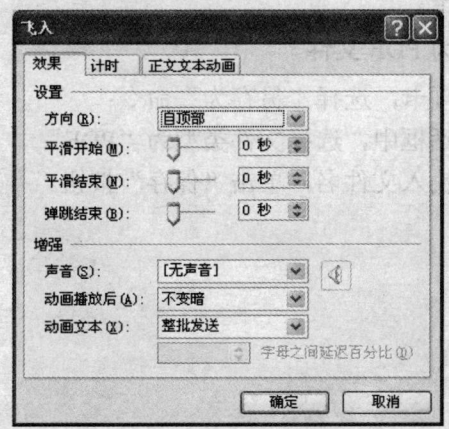

图 5-46 设置"飞入"动画的效果

（4）设置"标题幻灯片"中副标题的动画方式为"自底部飞入"，并设置在"上一事件之后""延迟 0 秒"飞入，如图 5-47 所示；

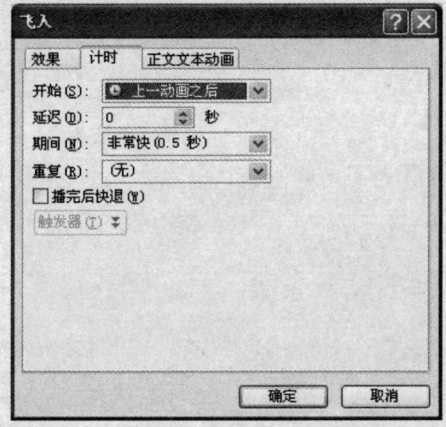

图 5-47 设置"飞入"动画的"计时"方式

（5）在幻灯片母版视图中，选择"标题和内容"版式，分别选择"标题"和"正文"部分，用上述相似的方法，分别设置它们的动画方式；

（6）用同样的方法，在幻灯片母版视图中，选择"两栏内容"版式，分别设置标题、左栏、右栏的动画方式；

（7）设置各张幻灯片中插入的图片的动画方式。

16. 设置切换动画

（1）选中第一张幻灯片；

（2）)在"切换"选项卡上的"切换到此幻灯片"组中，单击"推进"按钮，设置切换方式为"推进"；

（3）在"切换"选项卡上的"切换到此幻灯片"组中，单击"效果选项"按钮，选择"自左侧"设置推进的方向；

（4）在"切换"选项卡上的"计时"组中，单击"全部应用"按钮，将已设置的切换效果应用到所有幻灯片中。

17. 将演示文稿保存为 PDF 文件

（1）单击"文件"选项卡，选择"另存为"命令；

（2）在"另存为"对话框中，选择文件类型为"PDF"；

（3）选择保存位置，输入文件名，单击"保存"按钮。

第6章 多媒体技术

实验一 图片浏览及处理

【实验目的】

> 掌握利用软件 ACDSee 熟练进行图片的浏览。
> 掌握利用软件 ACDSee 进行批量调整图片大小的方法。
> 掌握利用软件 ACDSee 进行批量旋转图片的方法。
> 掌握利用软件 ACDSee 进行批量调整图片亮度及对比度的方法。

【实验内容】

◆ 图片浏览：熟练进行图片切换，旋转、缩放及删除等。
◆ 批量调整图片大小：对批量图片进行缩小处理，指定尺寸为 600*600，且保持原始纵横比。
◆ 批量旋转图片：对指定的批量图片进行旋转操作。
◆ 批量调整图片亮度及对比度：对指定图片进行亮度、对比度调整，并将调整后图片保存至指定位置。

【实验要点指导】

1. 浏览图片

（1）打开图片。

在系统已经安装 ACDSee 且将其作为默认图片查看器的情况下，可双击要查看的图片。若系统安装了其他图片查看软件，则可选中待查看图片，单击鼠标右键弹出关联菜单，选择"打开方式"|"ACDSee"，如图 6-1 所示。

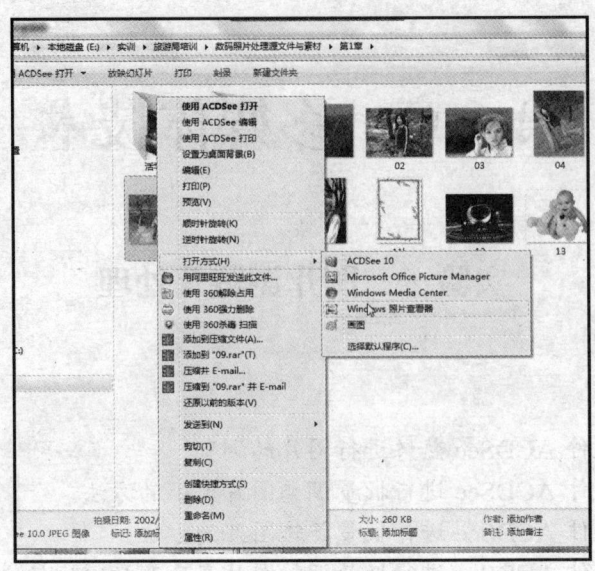

图 6-1 打开图片

(2) 浏览图片。

打开后的图片,如图 6-2 所示。和 Windows 自带的照片查看器有所不同的是,ACDSee 的图片查看器的查看工具在窗口上方,其工具按钮功能如下:

- ◆   :切换图片。
- ◆   :旋转图片。
- ◆   :缩放图片。
- ◆ ×:删除当前图片。

图 6-2 ACDSee 图片查看器界面

2. 批量调整图片大小

(1) 在我们用 ACDSee 快速查看打开图片后,在窗口右上方有一个按钮——相片管理器 ,单击它,出现如图 6-3 所示界面。

图 6-3　相片管理器工作界面

(2) 选中需要调整的图片,再单击 批量调整图像大小 按钮。如果该文件夹下所有图片都要调整,则可按 Ctrl+A 组合键全选,若只有部分,则可按住 Ctrl 键再单击需要调整的图片则可选中所需处理图片。

(3) 单击"批量调整图像大小",出现如图 6-4 所示设置框。

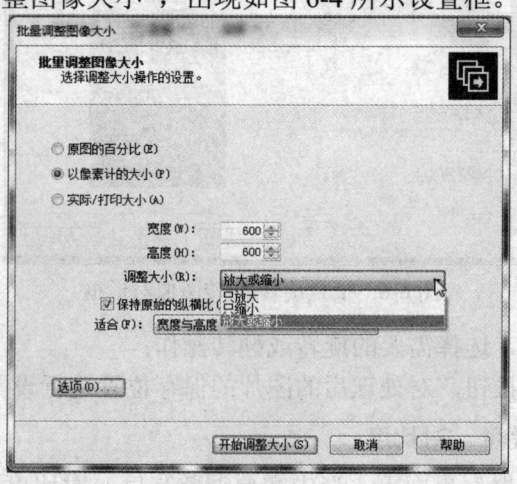

图 6-4　批量调整图像大小设置框

在"宽度""高度"设置框中分别输入数值:600;在"调整大小"选择:只缩小。

(4) 单击"选项"按钮,出现如图 6-5 所示设置框,对处理后的图片的保存位置进行设置。

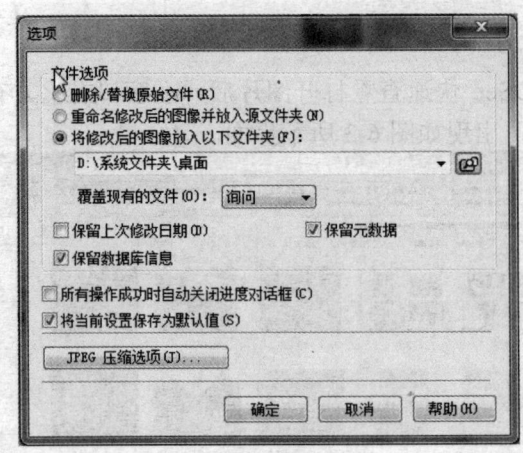

图 6-5　选项设置框

3. 批量旋转图片

（1）与"批量调整图像大小"命令一样，在"相片管理器"中进行批量图片的旋转操作；

（2）选中需要调整的图片，再单击 批量旋转/翻转图像，出现如图 6-6 所示设置框；

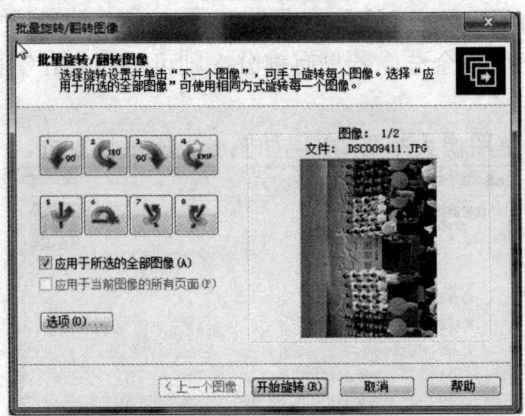

图 6-6　批量旋转/翻转图像对话框

（3）根据实际情况，选择需要的旋转或翻转操作；

（4）单击"选项"按钮，对处理后的图片的保存位置进行设置。

4. 批量调整图像亮度、对比度

（1）在"相片管理器"界面下，选中需要调整亮度、对比度的图片，单击"工具"菜单，选择"调整图像曝光度"命令，弹出如图 6-7 所示界面。

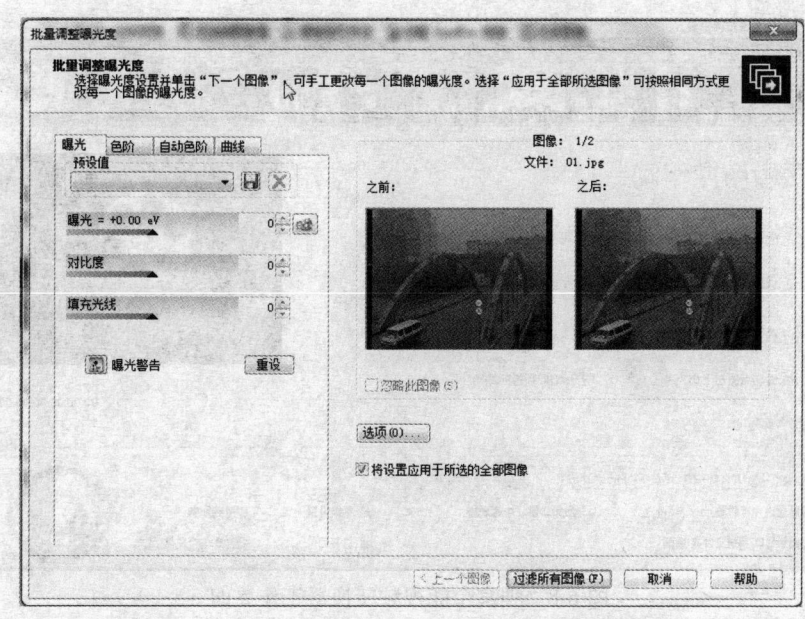

图 6-7 调整图形曝光度对话框

实验二　不同视频格式之间的转换

【实验目的】

> 了解转换视频软件狸窝全能视频转换器功能。
> 掌握利用狸窝全能视频转换器进行不同视频格式间转换的方法。

【实验内容】

◆ 熟悉狸窝全能视频转换器工作界面。
◆ 熟悉将不同格式视频进行转换。

【实验要点指导】

1．熟悉工作界面

安装狸窝全能视频转换器后，双击打开，将出现如图 6-8 所示界面。

图 6-8　狸窝全能视频转换器工作界面

2．转换视频

单击图 6-9 所示界面左上角 添加视频 按钮，选择需要转换格式的视频后，将出现如图 6-8 所示设置框。

图 6-9　转换参数设置框

- ◆ 预置方案：单击此处选择转换格式。
- ◆ 输出目录：单击此处后选择转换后文件存储位置。
- ◆ 转换按钮 ：单击此按钮进行转换。

第7章 计算机网络与安全

实验一 访问局域网资源

【实验目的】

➢ 掌握在 Windows 操作系统环境下查看计算机 IP 配置信息的方法和操作步骤。
➢ 掌握在 Windows 环境下在局域网中共享资源和访问共享资源的操作步骤。

【实验内容】

◆ 查看和设置计算机的 IP 地址配置参数。
◆ 检查所使用的计算机和远程计算机的连通性。
◆ 在局域网中共享资源和访问共享的资源。

【实验要点指导】

1. 查看计算机的 IP 参数

(1) 在任务栏上找到"网络连接"图标,如图 7-1 所示,双击打开查看"本地连接属性"对话框。

图 7-1 网络连接图标

(2) 在"本地连接状态"对话框中,选择"支持"选项卡,这时可以看到计算机 IP 参数的基本内容,包括:IP 地址、子网掩码、默认网关。点击"详细信息"按钮,还可以看到更多的参数信息,包括 DNS 服务器、硬件地址等,如图 7-2 所示。

(3) 如果需要修改 IP 配置参数,可以在"本地连接状态"对话框中选择常规选项卡,点击"属性"按钮,打开"本地连接属性"对话框。在"本地连接属性"对话框中选择"常规"选项卡,在"此连接使用下列项目"列表中选择"Internet 协议(TCP/IP)"选项。在"Internet 协议(TCP/IP)属性"对话框中,可以修改 IP 地址、子网掩码、默认网关、首选 DNS 服务器和备用 DNS 服务器等配置选项,如图 7-3 所示。

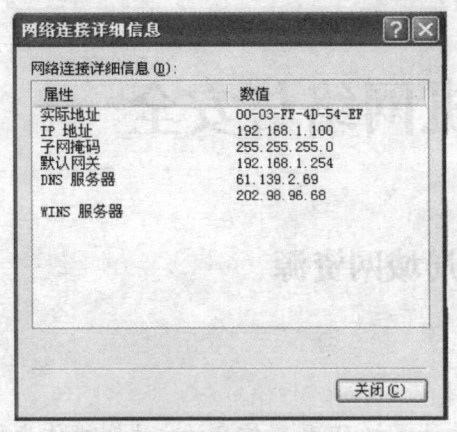
图 7-2 网络连接的详细信息

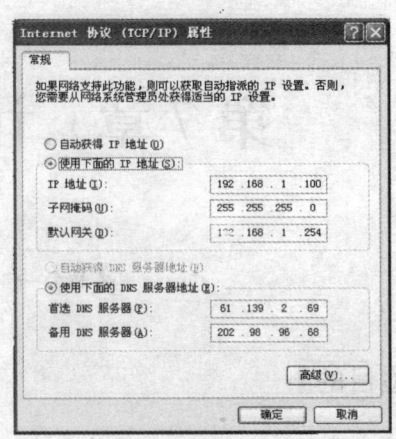
图 7-3 Internet 协议（TCP/IP）属性

2．检验所使用的计算机与要访问的计算机能不能连通

可以通过一个名为 ping 的命令程序来检查计算机之间是否能够通信，这是检查网络访问状况的最简单和有效的工具之一。

（1）打开 ping 命令的方法。

单击"开始"|"运行"选项，在"运行"对话框的"打开"输入框中输入"cmd"，并点击"确定"按钮，如图 7-4 所示。

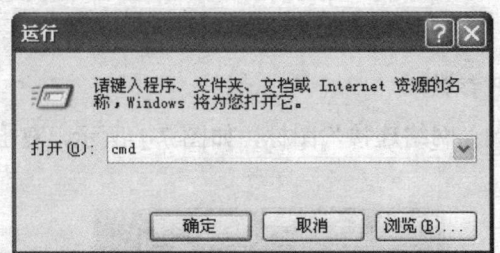
图 7-4 在"运行"对话框中运行 cmd 命令

此时，可以看到 cmd.exe 的命令行窗口，如图 7-5 所示。

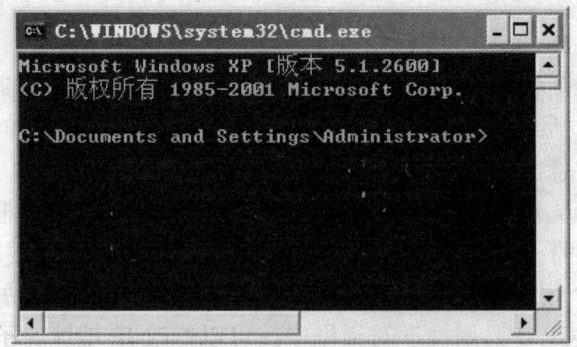
图 7-5 cmd.exe 的命令行窗口

在命令行中输入如下命令行："ping 127.0.0.1 "，如图 7-6 所示。

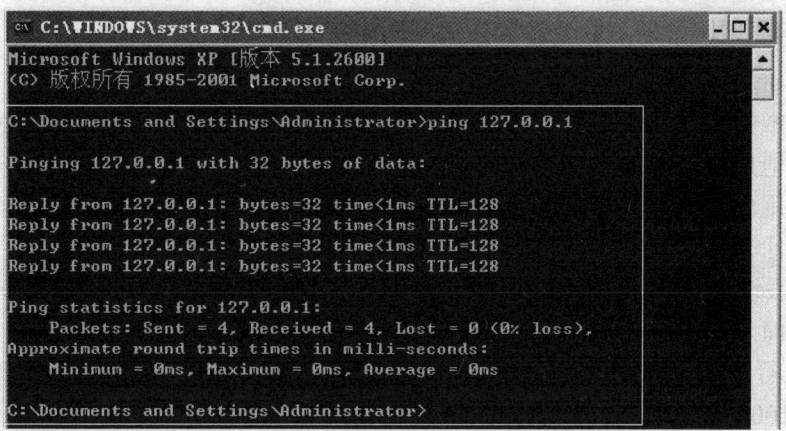

图 7-6　ping 命令的运行结果

说明：

◆ ping 命令的基本格式是：ping　IP 地址 。

◆ 127.0.0.1 是本机的回环地址，相当于任何计算机的自称"我"。用 ping 命令检测 127.0.0.1，是检测计算机自己的 IP 地址配置有没有问题。

◆ 返回结果中的"Reply from 127.0.0.1: bytes=32 time<1ms TTL=128"表明检测回环地址的检测结果是正确的，即本机配置没有问题。如果返回的结果显示的是其他内容，则说明计算机的 IP 参数配置有问题。

（2）使用 ping 命令检测用户的计算机和被访问计算机之间能否通信。

使用 ping 命令检测计算机之间能够通信的方法很简单。假设用户要访问的计算机的 IP 地址为：192.168.1.17，则只需要在 CMD 命令行窗口中输入命令：ping 192.168.1.17，然后可以从返回结果中判断出网络连接是否可用，如图 7-7 所示。

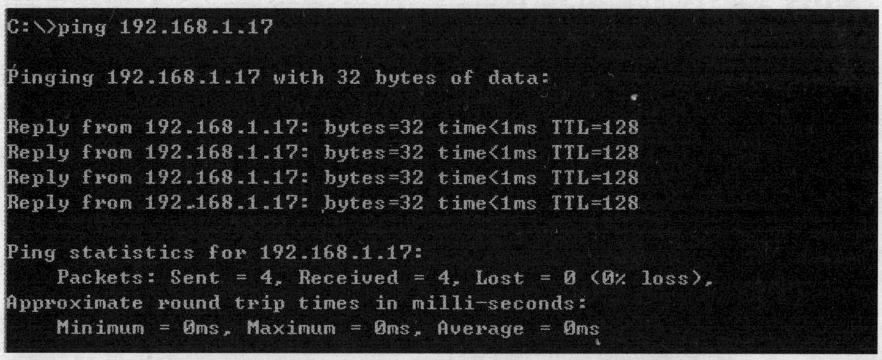

图 7-7　检测计算机之间的连通性

当显示结果中出现"Reply from 目标 IP 地址: bytes=32 time<1ms TTL=128"这样的内容时说明访问者和被访问者之间的连接是通畅的，否则连接存在问题，需要进一步分析。

注意在实际练习的时候，需要使用其他用户使用的计算机的 IP 地址来做测试。

3．访问局域网中的贡献资源和在局域网中共享资源

（1）访问局域网中共享资源。

局域网中的共享资源是以资源的提供者在自己的计算机上发布共享文件夹的形式来实现的。其他用户可以通过网络访问这些共享文件夹。只有访问者与被访问者之间的网络连接是可用的，访问共享资源才可以实现，而且使用方式与使用用户自己机器上的文件资料没有什么区别。

例如，假设在 IP 地址为 192.168.1.100 的计算机上有共享的文件夹，则可以通过如下的方式去访问。

在"运行"对话框中输入以下格式命令："\\被访问计算机的 IP 地址"，如：\\192.168.1.100，然后，点击"确定按钮"，如图 7-8 所示。

如果，资源的提供者的计算机要求访问者验证身份，则会出现如图 7-9 所示的身份验证对话框，需要用户输入被访问计算机上的账号和密码，只有通过验证才能访问。此时，可以向资源的提供者咨询账号和密码。如果没有出现此对话框，则说明这台计算机允许用户以访客身份访问。

图 7-8 访问局域网上的计算机

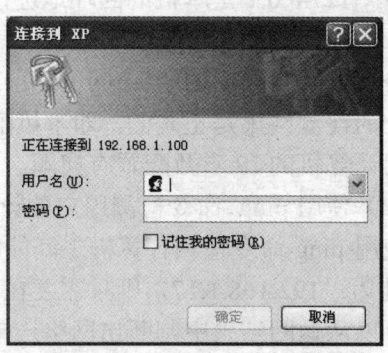
图 7-9 身份验证对话框

通过身份认证以后，就会出现被访问计算机的窗口，如图 7-10 所示。请注意，操作网络共享文件夹的方法与操作本地计算机上的文件夹是一样的。

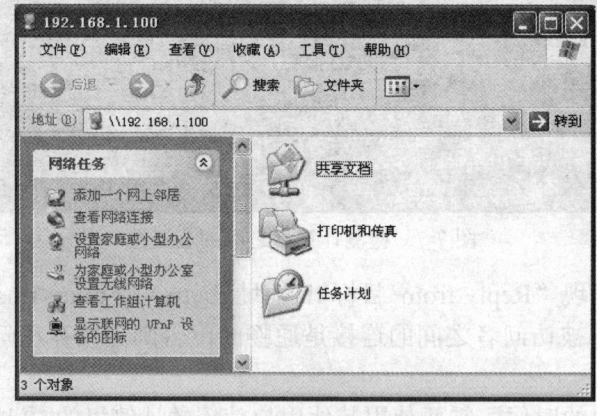
图 7-10 共享文件夹窗口

（2）在局域网中共享资源。

在局域网中共享的资源是以文件夹为单位的，因此所有要共享的文件、文件夹必须放在一个文件夹中。

选中要共享的文件夹，然后右键单击，在快捷菜单中选择"属性"选项，然后在"属性"对话框中选择"共享选项卡"，如图 7-11 所示。

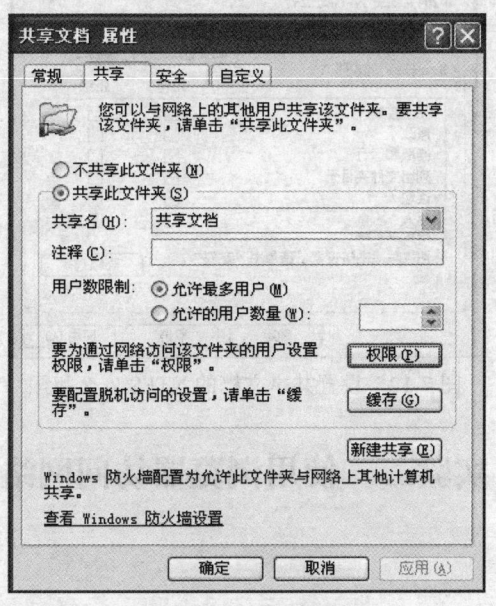

图 7-11　共享选项卡

选择"共享此文件夹"选项，可以将此文件夹共享到网络上。

◆　可以设置"共享名"和注释，用来标志共享的文件夹。共享名可以和文件夹的名称不同。

◆　用户数限制，可以用来限制同时有多少用户能访问这个共享的文件夹。

◆　"授权"按钮用来打开共享权限设置项。共享权限分为：读取、更改和完全控制，可以根据需要来设置。

如果系统使用的是 NTFS 文件系统，选择安全选项卡，进入安全权限设定。最简单的方法是设置 Everyone 用户为可读访问，如图 7-12 所示。

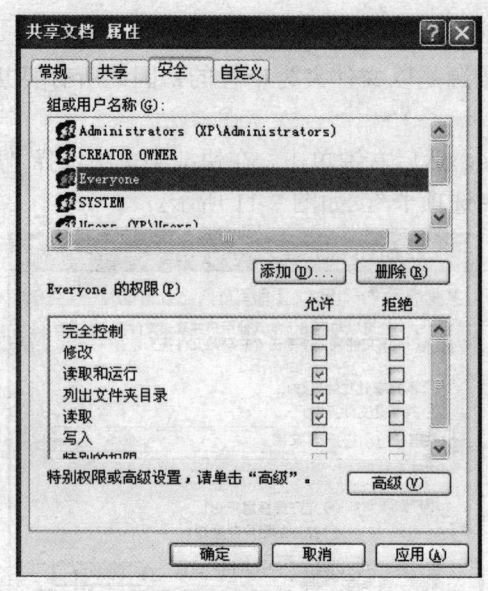

图 7-12 设置共享文档的 NTFS 安全权限

实验二 使用浏览器访问网络

【实验目的】

- ➢ 掌握 Internet Explorer 浏览器访问万维网的方法和步骤。
- ➢ 掌握使用浏览器访问 FTP 站点的方法和步骤。

【实验内容】

- ◆ 启动 IE 浏览器，进行万维网网站访问操作。
- ◆ IE 浏览器的设置技巧。
- ◆ 使用收藏夹来保存访问过的网页。
- ◆ 使用浏览器进行下载。
- ◆ 使用浏览器访问 FTP 站点。

【实验要点指导】

1．使用 IE 浏览器访问万维网网站

双击桌面上的 IE 浏览器图标，打开浏览器窗口，然后在地址栏中输入要访问的网址就可以访问对应的网站。

用户也可以使用搜索引擎网站来检索需要的网址，常用的搜索引擎有：

- ◆ www.baidu.com
- ◆ www.google.com

- www.sogou.com
- www.yahoo.com.cn

在浏览器地址栏中输入 www.baidu.com，可以进入百度网的首页，如图 7-13 所示。

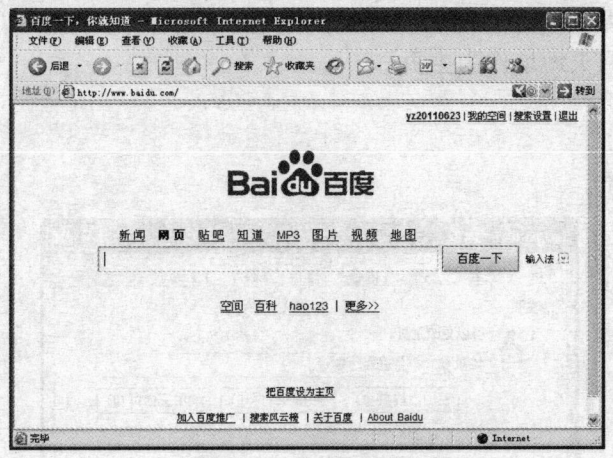

图 7-13　百度的首页

百度的首页上提供了新闻、网页、贴吧、知道、MP3、图片、视频、地图等多种搜索类型，可以先选择一种搜索类型，然后在输入框中输入搜索关键字，然后点击"百度一下"按钮，开始搜索。搜索的结果将以列表的形式显示在网页里面，可以点击打开。例如，选择搜索"MP3"，搜索关键字为"青花瓷"的歌曲，结果如图 7-14 所示。

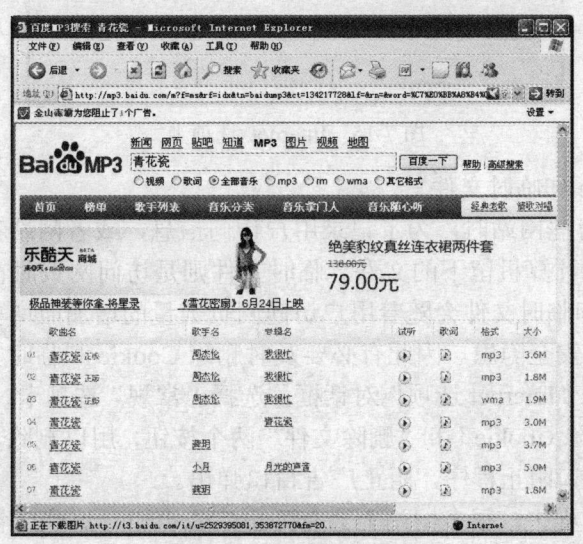

图 7-14　百度搜索的结果

2．设置 IE 浏览器

（1）设置主页。

主页是指当 IE 浏览器启动的时候，在浏览器窗口中默认设置的页面。在通常情况下，主页别设置成空白页面。可以根据需要将主页设置为访问频率最高的网页。例如，将主页设置为百度网站的首页面，这样打开 IE 的时候将会默认显示百度的首页面。

设置主页的方法是：选择 IE 浏览器的主菜单上的"工具"菜单项，在这个菜单中选择"Internet 选项"项目，打开"Internet 选项"对话框，选择"常规"选项卡，如图 7-15 所示。主页选项，提供了四种选择，可以根据需要来选择：

◆ 填写一个网页地址作为主页。
◆ 使用当前页。
◆ 使用默认页。
◆ 使用空白页。

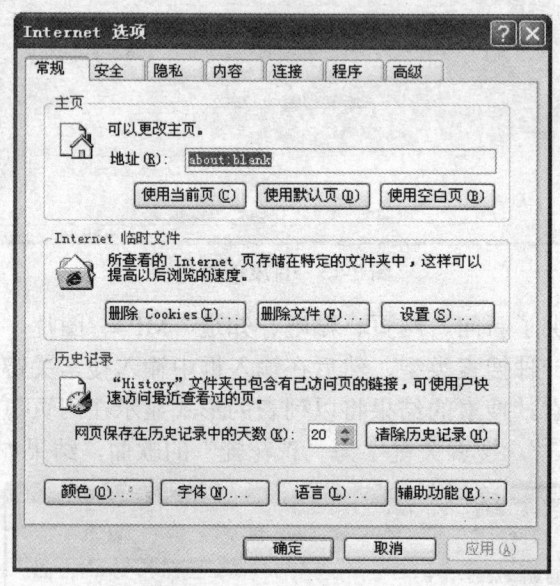

图 7-15　Internet 选项卡

（2）删除 Cookie 和临时文件。

Cookie 是访问有些网站时，为了记录用户访问信息，或者网站和用户之间的信息交流的需要而在用户的计算机留下的文件。临时文件则是访问网页时在本地计算机保存的临时文件。Cookie 和临时文件会随着用户访问网页数量的增加而增多，会占据硬盘的存储空间，同时也存在安全隐患。因此有必要及时删除 Cookie 和临时文件。

具体做法是打开"Internet 选项"对话框，选择"常规"选项卡，在"Internet 临时文件"栏目中单击"删除 Cookie"和"删除文件"两个按钮，用以删除 Cookie 和临时文件。

（3）启用弹出窗口阻止程序，阻止广告窗口弹出。

在访问网站的过程中，很多网站上会有弹出广告窗口。这些广告窗口会干扰用户访问网站和查看网页，同时也可能是潜在的安全隐患。可以使用 IE 的弹出窗口阻止程序来阻止弹出窗口。

操作方法如下：

选择 IE 浏览器的主菜单上的"工具"菜单项，在这个菜单中选择"弹出窗口阻止程序"项目中的"启用弹出窗口阻止程序"，如图 7-16 所示，同样的，也可以使用这个菜单项关闭弹出窗口阻止程序。

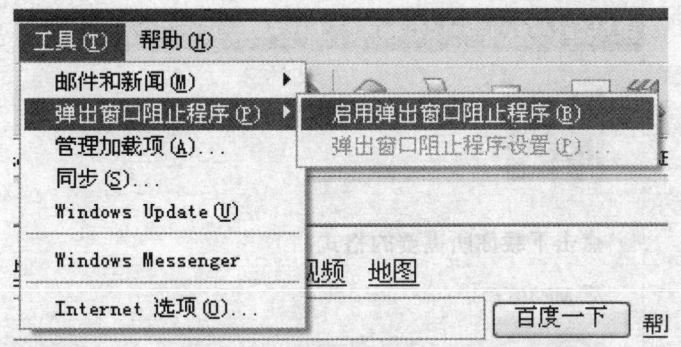

图 7-16　启用弹出窗口阻止程序

3．使用收藏夹来保存使用过的网址

可以将访问过的网址保存在收藏夹里面。收藏过的网址可以直接访问而不再需要输入网址了。例如，假设正在访问的页面是：http://www.lzy.edu.cn/web/index/index.html。可以在 IE 的主菜单上选择"收藏夹"项目，然后选择"添加到收藏夹"选项，如图 7-17 所示。此时可以看到这个网页已经在收藏列表里面了，下次在访问时可以直接从收藏列表中调出来访问。

图 7-17　使用收藏夹保存访问过的网址

4．使用浏览器进行下载

IE 浏览器提供了 HTTP 下载功能，可以用来从网上下载任务文件。例如，在前面的小节里面通过百度搜索到了"青花瓷"这首歌的列表，如图 7-14 所示。点击列表中的一个选项，可以看到如图 7-18 所示的下载页面。在下载按钮上右键单击，在弹出的快捷菜单中选择"目标另存为"，然后选择保存路径，即可将这首歌的音乐文件下载到本地计算机上。

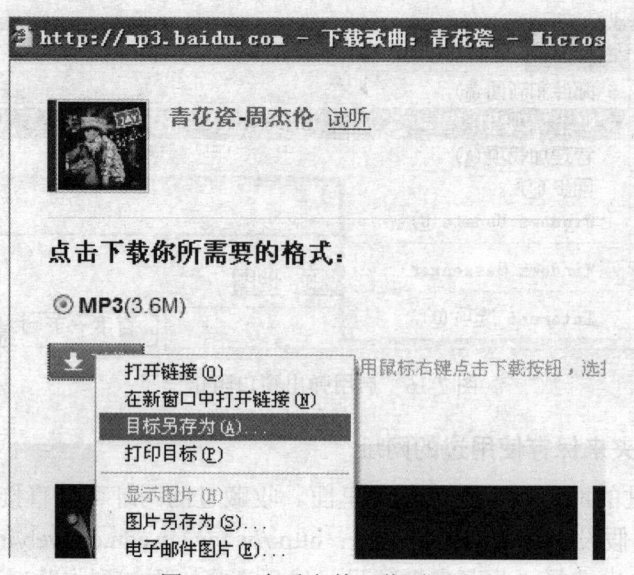

图 7-18　音乐文件下载页面

5．使用浏览器访问 FTP 站点

浏览器也可以用来访问 FTP 站点。例如，在浏览器窗口中输入网址：ftp.lzy.edu.cn，可以打开一个 FTP 站点，如图 7-19 所示。

可以看出，浏览器访问 FTP 站点时，窗口的显示形式与本地计算机上的窗口相似。可以像操作本地计算机窗口那样去操作 FTP 站点窗口，需要注意的是 FTP 窗口中的文件要先下载到本地计算机上之后，才能再做修改。不要直接在上面打开文件。

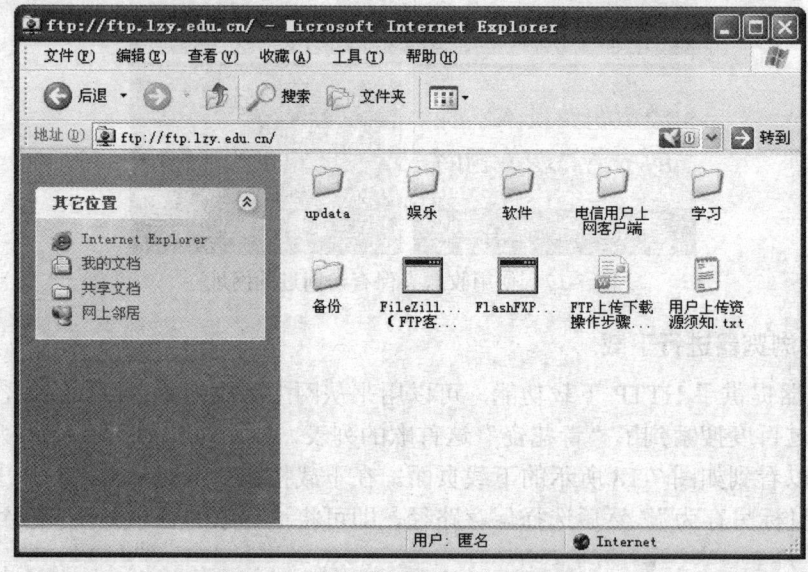

图 7-19　使用浏览器访问 FTP 站点

实验三 使用及时通信工具和电子邮件

【实验目的】

> 掌握及时通信工具 QQ 的下载、安装和使用方法。
> 掌握电子邮箱的申请和邮件的收发。

【实验内容】

◆ QQ 软件的下载与安装。
◆ 如何使用 QQ 来聊天。
◆ 使用 QQ 邮箱。

【实验要点指导】

QQ 是深圳市腾讯计算机系统有限公司开发的一款基于 Internet 的即时通信（IM）软件。腾讯 QQ 支持在线聊天、视频电话、点对点断点续传文件、共享文件、网络硬盘、自定义面板、QQ 邮箱等多种功能。并可与移动通信终端等多种通信方式相连。1999 年两月，腾讯正式推出第一个即时通信软件——"腾讯 QQ"，QQ 在线用户由 1999 年的两人到现在已经发展到上亿用户了，在线人数超过一亿，是目前使用最广泛的聊天软件之一。

QQ 系列产品的主要功能包括：

（1）QQ 号码

QQ 号码为腾讯 QQ 的账号，全部由数字组成，QQ 号码在用户注册时由系统随机选择。1999 年免费注册的 QQ 账号为 5 位数，目前，已用到的 QQ 号码长度已经达到 10 位数。

（2）QQ 空间（Qzone）

QQ 空间（Qzone）是腾讯公司于 2005 年开发出来的一个个性空间，具有博客（blog）的功能，自问世以来受到众多人的喜爱。在 QQ 空间上可以书写日记、上传自己的图片、听音乐、写说说、给好友留言，还可以玩游戏，通过多种方式展现自己。除此之外，用户还可以根据自己的喜爱设定空间的背景、皮肤、小挂件等，从而使每个空间都有自己的特色。当然，QQ 空间还为善于装饰的用户提供了高级的功能：可以通过编写各种各样的代码来打造自己的空间。

（3）QQ 邮箱

QQ 邮箱是腾讯公司 2002 年推出，向用户提供安全、稳定、快速、便捷电子邮件服务的邮箱产品，目前已为超过 1 亿的邮箱用户提供免费和增值邮箱服务。QQ 邮箱和 QQ 即时通软件已成为中国网民网上通信的主要方式。

（4）QQ 群

QQ 群是腾讯公司推出的多人聊天交流服务，可以邀请朋友或者有共同兴趣爱好的人到一个群里面聊天。

1. 下载并安装 QQ 软件

下载与安装 QQ 软件，登录 http://im.qq.com/网页，点击"下载 QQ"按钮即可获得最新发布的 QQ 正式版本。

下载完成后需要安装 QQ 软件，然后才能使用。QQ 软件的安装方法和其他软件的安装方法是一样的。操作步骤为：

◆ 运行下载好的 QQ 安装程序，出现如图 7-20 所示的安装界面。点击"下一步"，开始安装过程。

图 7-20　QQ 安装的起始界面

◆ 在如图 7-21 所示的对话框中根据需要选择适当的安装选项，单击"下一步"。

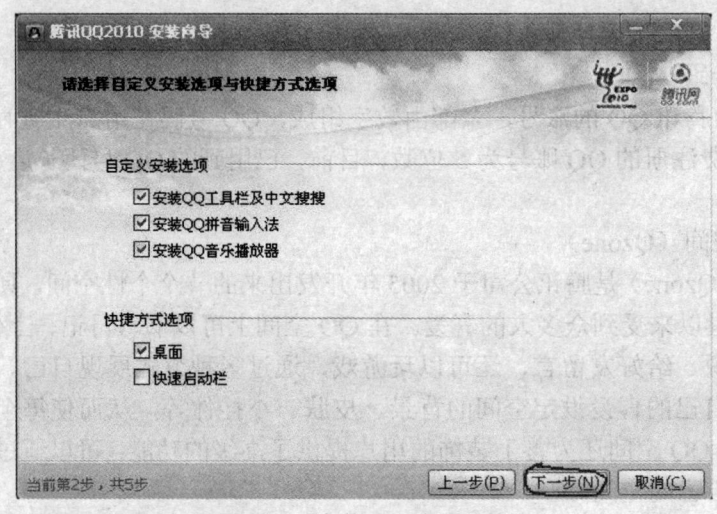

图 7-21　安装 QQ 选项组件

◆ 选择程序安装目录和个人文件夹位置，单击"安装"，如图 7-22 所示。

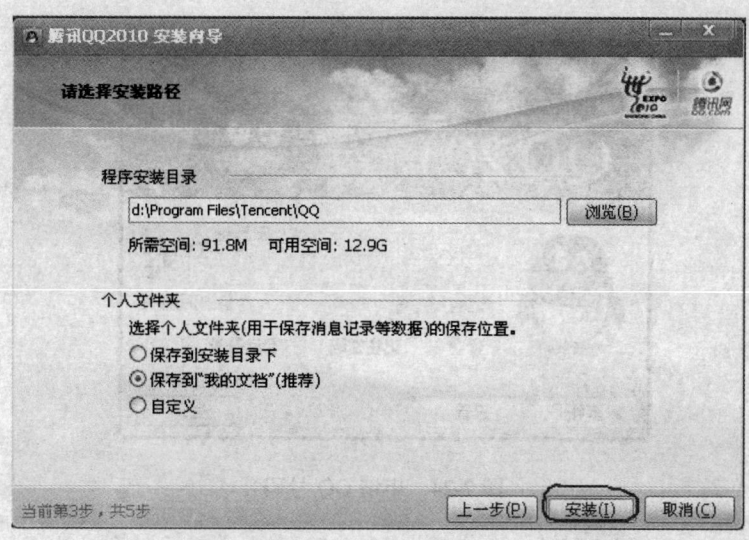

图 7-22　选择安装位置

完成文件拷贝后，QQ 安装就完成了，如图 7-23 所示，点击画面中的"完成"按钮，完成 QQ 软件的安装。

图 7-23　QQ 安装完成。

2. 申请 QQ 号码

运行安装好的 QQ 程序，在登录界面中点击"注册新账号"，或者直接在浏览器地址栏中输入http://zc.qq.com/，申请新账号即可，如图 7-24 所示。申请好 QQ 号码以后，就可以使用这个号码进行登录并使用 QQ 了。

图 7-24　申请 QQ 号码

3．查找添加 QQ 好友

新号码首次登录时，好友名单是空的，要和其他人联系，必须先要添加好友。成功查找添加好友后，就可以体验 QQ 的各种特色功能了。运行 QQ 程序，点击主面板右下角"查找"按钮，然后按照提示来完成操作，如图 7-25 所示。

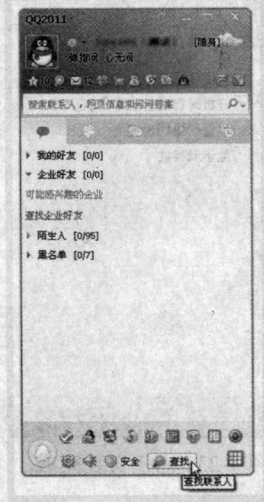

图 7-25　QQ 程序界面

好友查找分为精确查找与按条件查找，可以根据实际情况进行选择；找到好友之后选择添加好友，将好友存放到设立的分组中；部分 QQ 用户设置了添加验证功能，需要输入验证信息争得对方的同意才可以添加成功。

4．使用 QQ 邮箱来收发电子邮件

如果用户已经拥有了 QQ 号码，那么也就同时拥有了 QQ 邮箱，只需要激活邮箱，即可使用。可以按照以下方法激活 QQ 邮箱：

（1）如果没有登录 QQ 客户端，可以打开 QQ 邮箱首页 http://mail.qq.com，然后输入

QQ 账号、密码以及验证码，点击"登录"按钮，如图 7-26 所示。

图 7-26　从网站访问 QQ 邮箱

（2）如果已经成功登录了 QQ 客户端，可以直接点击邮箱的图标，进入邮箱的首页，然后按照提示激活 QQ 邮箱即可，如图 7-27 所示。

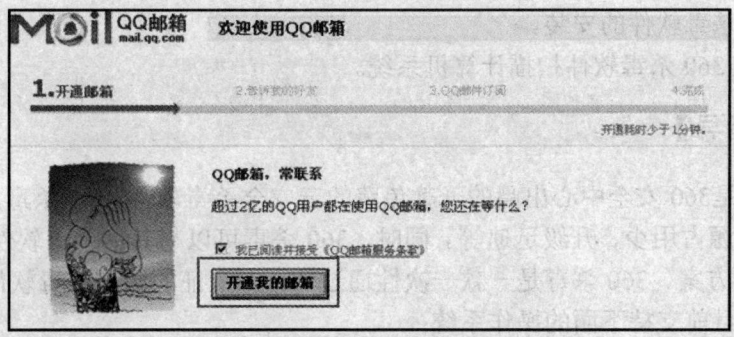

图 7-27　激活 QQ 邮箱

激活后的 QQ 邮箱就可以登录使用了。QQ 邮箱的使用方法和其他的免费邮箱的使用方法是类似的，如图 7-28 所示。

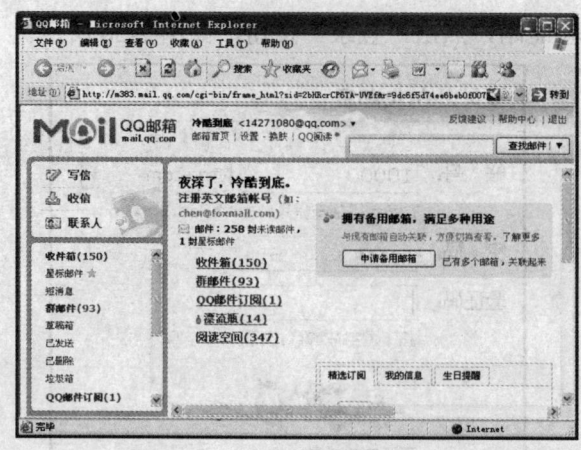

图 7-28　QQ 邮箱的使用界面

实验四　使用反病毒工具保护系统

【实验目的】

➢ 掌握 360 杀毒软件的安装和使用方法。

【实验内容】

◆ 360 杀毒软件的安装。
◆ 如何 360 杀毒软件扫描计算机系统。

【实验要点指导】

360 杀毒是 360 安全中心出品的一款免费的云安全杀毒软件。360 杀毒具有以下优点：查杀率高、资源占用少、升级迅速等。同时，360 杀毒可以与其他杀毒软件共存，是一个理想杀毒备选方案。360 杀毒是一款一次性通过 VB100 认证的国产杀毒软件。

360 杀毒目前支持下面的操作系统：

◆ Windows XP SP2 以上（32 位简体中文版）
◆ Windows Vista（32 位简体中文版）
◆ Windows 7（32 及 64 位简体中文版）
◆ Windows Server 2003/2008

请注意：如果操作系统不是上述的版本，建议不要安装 360 杀毒，否则可能导致不可预知的结果。

1. 安装 360 杀毒软件

安装 360 杀毒，首先软件通过 360 杀毒官方网站 http://sd.360.cn，然后下载最新版本的 360 杀毒安装程序。

运行下载好的 360 杀毒软件安装程序，会出现如图 7-29 所示界面，点击"下一步"

然后按照提示操作。

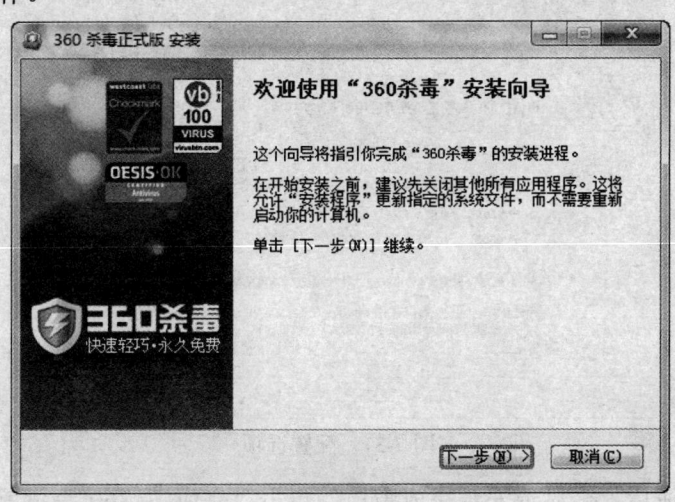

图 7-29　360 杀毒软件安装界面

阅读许可协议，并点击"我接受"。如果不同意许可协议，请点击"取消"退出安装。接下来出现选择安装路径的窗口，如图 7-30 所示。

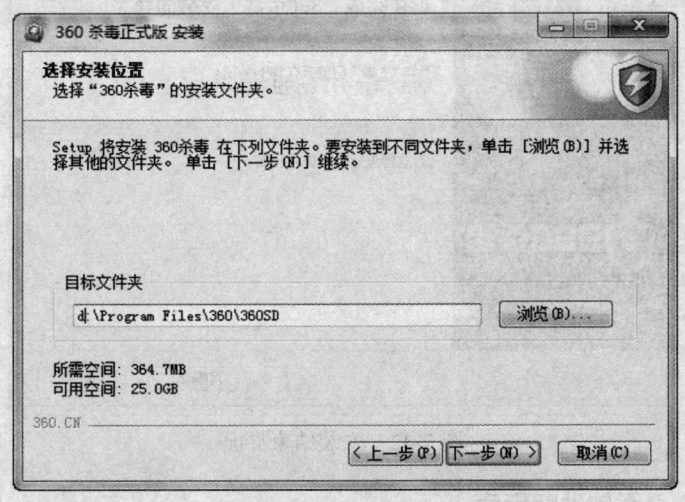

图 7-30　选择安装路径

在安装快结束时，会出现设置向导，根据计算机配置情况，为用户推荐合适的选项，根据具体的情况选择，如图 7-31 所示。

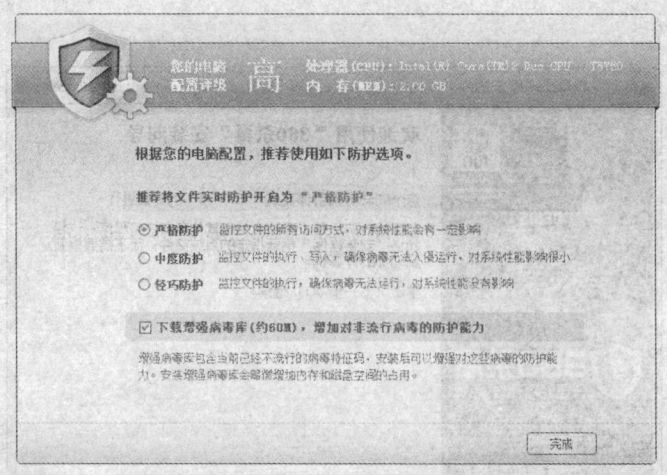

图 7-31 配置选项

文件复制完成后,会显示安装完成窗口。点击"完成",360 杀毒就已经成功地安装到计算机上了,如图 7-32 所示。

图 7-32 安装结束界面

2. 升级 360 杀毒软件病毒库

360 杀毒具有自动升级功能,如果开启了自动升级功能,360 杀毒会在有升级可用时自动下载并安装升级文件。自动升级完成后会通过气泡窗口提示,如图 7-33 所示。

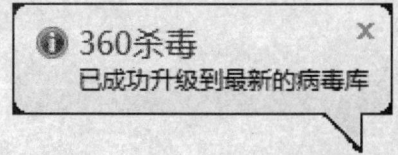

图 7-33 360 病毒库升级提示

如果想手动进行升级,请在 360 杀毒主界面点击"升级"标签,进入升级界面,并点击"检查更新"按钮,如图 7-34 所示。

图 7-34　安全 360 杀毒软件手动升级界面

升级程序会连接服务器检查是否有可用更新，如果有的话就会下载并安装升级文件，升级完成后会有提示，如图 7-35 所示。

图 7-35　升级结束的界面

3．使用 360 杀毒软件查杀病毒

360 杀毒具有实时病毒防护和手动扫描功能，为系统提供全面的安全防护。实时防护功能在文件被访问时对文件进行扫描，及时拦截活动的病毒。在发现病毒时会通过提示窗口警告，如图 7-36 所示。

360 杀毒提供了 4 种手动病毒扫描方式：快速扫描、全盘扫描、指定位置扫描及右键扫描。

图 7-36　360 杀毒软件的实时监控报警

◆ 快速扫描：扫描 Windows 系统目录及 Program Files 目录；
◆ 全盘扫描：扫描所有磁盘；
◆ 指定位置扫描：扫描指定的目录；
◆ 右键扫描：集成到右键菜单中，当用户在文件或文件夹上点击鼠标右键时，可以选择"使用 360 杀毒扫描"对选中的文件或文件夹进行扫描。

前 3 种扫描都已经在 360 杀毒主界面中作为快捷任务列出，只需点击相关任务就可以开始扫描，如图 7-37 所示。

图 7-37　安全 360 的主界面

启动扫描之后，会显示扫描进度窗口，在这个窗口中可看到正在扫描的文件、总体进度以及发现问题的文件，如图 7-38 所示。如果希望 360 杀毒在扫描完电脑后自动关闭计算机，请选中"扫描完成后关闭计算机"选项。请注意，只有在将发现病毒的处理方式设置为"自动清除"时，此选项才有效。如果选择了其他病毒处理方式，扫描完成后不会自动关闭计算机。

图 7-38 360 杀毒的工作界面

360 杀毒扫描到病毒后，会首先尝试清除文件所感染的病毒，如果无法清除，则会提示删除感染病毒的文件。木马和间谍软件由于并不采用感染其他文件的形式，而是其自身即为恶意软件，因此会被直接删除。在处理过程中，由于不同的情况，有些感染文件会无法被处理，请参考表 7-1 的说明采用其他方法处理这些文件。

表 7-1 各种情况的处理表

错误类型	原因	建议操作
清除失败（压缩文件）	由于感染病毒的文件存在于 360 杀毒无法处理的压缩文档中，因此无法对其中的文件进行病毒清除。360 杀毒对于 RAR、CAB、MSI 及系统备份卷类型的压缩文档目前暂时无法支持	请使用针对该类型压缩文档的相关软件将压缩文档解压到一个目录下，然后使用 360 杀毒对该目录下的文件进行扫描及清除，完成后使用相关软件重新压缩成一个压缩文档
清除失败（密码保护）	对于有密码保护的文件，360 杀毒无法将其打开进行病毒清理	先去除文件的保护密码，然后使用 360 杀毒进行扫描及清除。如果文件不重要，也可直接删除该文件
清除失败（正被使用）	文件正在被其他应用程序使用，360 杀毒无法清除其中的病毒	先退出使用该文件的应用程序，然后使用 360 杀毒重新对其进行扫描清除
删除失败（压缩文件）	由于感染病毒的文件存在于 360 杀毒无法处理的压缩文档中，因此无法对其中的文件进行删除	请使用针对该类型压缩文档的相关软件将压缩文档中的病毒文件删除
删除失败（正被使用）	文件正在被其他应用程序使用，360 杀毒无法删除该文件	请退出使用该文件的应用程序，然后手工删除该文件
备份失败（文件太大）	由于文件太大，超出了文件恢复区的大小，文件无法被备份到文件恢复区	请删除系统盘上的无用程序和数据，增加可用磁盘空间，然后再次尝试。如果文件不重要，也可选择删除文件，不进行备份

附录　常用字符与 ASCII 代码对照表

ASCII 值	控制字符	ASCII 值	控制字符	ASCII 值	控制字符	ASCII 值	控制字符
0	NUT	32	(space)	64	@	96	、
1	SOH	33	!	65	A	97	a
2	STX	34	"	66	B	98	b
3	ETX	35	#	67	C	99	c
4	EOT	36	$	68	D	100	d
5	ENQ	37	%	69	E	101	e
6	ACK	38	&	70	F	102	f
7	BEL	39	,	71	G	103	g
8	BS	40	(	72	H	104	h
9	HT	41	)	73	I	105	i
10	LF	42	*	74	J	106	j
11	VT	43	+	75	K	107	k
12	FF	44	,	76	L	108	l
13	CR	45	-	77	M	109	m
14	SO	46	.	78	N	110	n
15	SI	47	/	79	O	111	o
16	DLE	48	0	80	P	112	p
17	DCI	49	1	81	Q	113	q
18	DC2	50	2	82	R	114	r
19	DC3	51	3	83	X	115	s
20	DC4	52	4	84	T	116	t
21	NAK	53	5	85	U	117	u
22	SYN	54	6	86	V	118	v
23	TB	55	7	87	W	119	w
24	CAN	56	8	88	X	120	x
25	EM	57	9	89	Y	121	y
26	SUB	58	:	90	Z	122	z
27	ESC	59	;	91	[	123	{
28	FS	60	<	92	\	124		
29	GS	61	=	93	]	125	}
30	RS	62	>	94	^	126	~
31	US	63	?	95	—	127	DEL

参 考 文 献

[1] 卞诚君. Office 2010 高效办公超级手册[M]. 北京：机械工业出版社，2011
[2] 刘创宇，卓先德，陈长忆. 大学计算机应用教程（第 2 版）[M]. 北京：清华大学出版社，2010
[3] 谢希仁. 计算机网络（第五版）[M]. 北京：电子工业出版社，2008
[4] 吴功宜. 计算机网络[M]. 北京：清华大学出版社，2003
[5] 吴金龙，洪家军. 网络安全[M]. 北京：高等教育出版社，2009
[6] http://office.microsoft.com/zh-cn/
[7] http://research.cnnic.cn/html/1279173730d2350.html

参考文献

[1] 张正礼. Office 2010 高效办公实战入门与提高. 北京: 清华大学出版社, 2011.
[2] 赵增敏. 计算机应用基础. 人民邮电出版社未来教育研究中心, 北京邮电大学出版社, 2010.
[3] 神龙工作室. 新编办公软件应用技巧. 北京: 中国宇航出版社, 2008.
[4] 刘欣. 中文版Word入门与提高. 清华大学出版社, 2002.
[5] 李志云. 计算机应用基础实例教程. 北京: 中国劳动出版社, 2009.
[6] http://www.xuexi100.com/bczy
[7] http://research.cnnic.cn/html/1279137104723.50.html